碳会计

CARBON ACCOUNTING

沈洪涛　宋献中◎主　编

谭小平　赵　阳◎副主编

暨南大学出版社
JINAN UNIVERSITY PRESS

中国·广州

图书在版编目（CIP）数据

碳会计 / 沈洪涛，宋献中主编 ；谭小平，赵阳副主编. -- 广州 ：暨南大学出版社，2024. 10. -- ISBN 978-7-5668-3989-3

Ⅰ. X196

中国国家版本馆 CIP 数据核字第 2024LR2944 号

碳会计

TANKUAIJI

主　编：沈洪涛　宋献中　副主编：谭小平　赵　阳

··

出 版 人：阳　翼
责任编辑：梁月秋
责任校对：刘舜怡　陈慧妍　何江琳
责任印制：周一丹　郑玉婷

出版发行：暨南大学出版社（511434）
电　　话：总编室（8620）31105261
　　　　　营销部（8620）37331682　37331689
传　　真：（8620）31105289（办公室）　37331684（营销部）
网　　址：http：//www.jnupress.com
排　　版：广州尚文数码科技有限公司
印　　刷：广州市友盛彩印有限公司
开　　本：787mm×1092mm　1/16
印　　张：12.5
字　　数：270 千
版　　次：2024 年 10 月第 1 版
印　　次：2024 年 10 月第 1 次
定　　价：49.80 元

前　言

会计界对碳会计的关注，就像我们生活中感受到的气温一样，快速上升。

2020 年 9 月 22 日，国家主席习近平在第七十五届联合国大会一般性辩论上宣布我国二氧化碳排放"力争于 2030 年前达到峰值，努力争取 2060 年前实现碳中和"。"双碳"目标被确立为国家重大战略部署。2022 年 4 月 24 日，教育部印发《加强碳达峰碳中和高等教育人才培养体系建设工作方案》，要求各高校从战略高度全面践行习近平生态文明思想，扎根中国大地，推动经济社会绿色低碳转型，在服务高质量发展、建设美丽中国中提升教育的服务力和贡献力。

暨南大学会计学系"碳会计"课程团队基于多年在环境会计与碳会计领域的研究积累，将学术研究成果服务于人才培养，在会计本科专业开设了"碳会计"专业选修课[①]。课程自开设以来，得到了本校学生的高度认可，也受到了高校和业界同行的广泛关注。为更好地推动碳会计教学，我们在课程讲义基础上编写了本教材。

本书在视角上聚焦于微观企业层面，在内容上涵盖了财务会计、管理会计、审计与财务管理等方向。本书的结构如下图所示：

---

① 《光明日报》于 2023 年 6 月 26 日刊载《暨南大学：一门有温度的碳会计课》一文，报道课程开设情况。

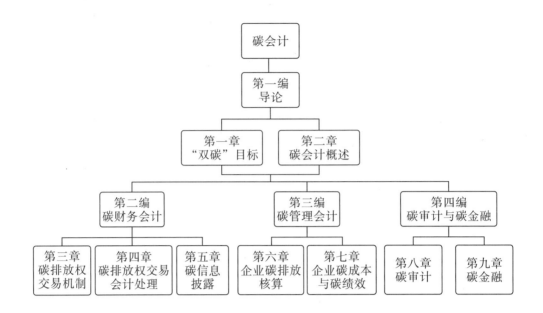

本书在内容和体例上力图体现以下四个特点：

一是着重介绍碳会计的基础性概念和原理，为学生进一步学习低碳管理的理论和决策打下扎实的基础。目前对碳会计的知识体系尚未有定论，既有宏观视角也有微观视角，既有货币计量也有物理计量。本书与传统企业会计保持一致，聚焦微观企业视角，以货币计量为主。从两个维度介绍碳会计的基础知识，一个维度是企业低碳转型对财务会计、管理会计、审计与财务管理等已有知识的拓展，另一个维度是碳排放权交易和碳核算等新业务下发展出来的会计新知识。

二是注重培养学生的思想政治素质和可持续发展理念。碳会计课程是培养服务国家"双碳"战略和企业可持续发展的专业人才的创新课程，因此，本书将党的二十大报告所提出的中国式现代化和高质量发展，以及可持续发展理念与碳会计专业知识全面融合，如盐入水，在潜移默化中引导学生树立正确的价值观。

三是紧密联系我国低碳政策和企业低碳管理实践的最新发展，突出碳会计知识的现实性和应用性。"双碳"战略推动了我国经济社会发展全面转型，监管部门持续推出相关政策，企业低碳管理的实践发展迅速。本书融入了碳排放权交易制度、国际碳信息披露准则、碳核算标准、气候投融资等的最新发展。全书每一章的主要内容都是通过案例导入的，这些案例大多是我国政策实施和企业实践中发生的具有代表性和影响力的真实故事。编者着意选取了大家普遍关注和熟悉的企业、品牌和事件，如第四章的塔牌集团、第六章的联想集团、第九章的南方电网发行碳中和债等。希望通过这些案例能够增强学生对现实低碳会计活动的兴趣，进而引领学生认识到理论与实践的密切关系。

四是融合多学科的知识，激发学生综合运用跨领域知识的兴趣和能力。"双碳"战略不仅是科学技术问题，还是经济管理问题，既要追求科技进步，也要降低成本，最终才能满足人民对低碳生活的美好需求。碳会计课程跳出了传统的财会领域知识体系的局限，紧跟研究和政策前沿，融合了哲学、会计学、环境科学、经济学等多领域知识，实现学科边缘的外拓。本书从哲学讲起，既有科学的探索，又涉及管理的艺术，将不同领域的学科知识和技能的教与学整合到一起，帮助学生拓展知识边界，培养综合思维，提升学生在真实情境中综合运用知识解决问题的能力。

本书主要适用于会计学和管理学专业的本科教学，对 MPAcc 和 MBA 学员掌握碳会计基本知识以及广大财务和会计实务工作者提高碳会计理论水平，也具有一定的参考价值。

本书是暨南大学会计学系宋献中教授、沈洪涛教授、谭小平副教授和赵阳副教授共同合作的成果。由沈洪涛教授负责全书的大纲拟定和定稿工作。具体的分工情况为：宋献中和沈洪涛共同编写第一编（第一、第二章），谭小平编写第二编（第三至第五章），赵阳编写第三编（第六、第七章），沈洪涛编写第四编（第八、第九章）。

感谢暨南大学会计学系博士研究生尹广英为本书所做的许多基础性工作，感谢暨南大学出版社对本书编辑出版的支持和付出的努力。

不同于传统会计课程有成熟的课程体系、教学内容和配套资源，碳会计的定义、内涵与边界都尚在探讨中，碳会计的研究和实践更是在快速发展。因此，开设碳会计课程和编写碳会计教材，是一次大胆的探索和尝试。本书一定存在诸多不足，恳请大家批评指正并反馈给出版者和作者。我们将及时吸收大家的意见和建议，持续地更新教材。我们在编写教材的同时，也在积极编写配套的教学案例、建设虚拟仿真课程和线上课程。

我们共同努力，让会计变得更有温度。

编　者

2024 年 10 月

目录
CONTENTS

▶▶ 第一编 导论

全球变暖的时代已经结束，全球沸腾的时代已然到来。[1]

我们可以确信的是，无论华尔街怎么虚构账簿，地球始终是一个诚实的记录者、一个不会出错的计算者、一个出色的会计师；我们将为经济活动中的每一个愚蠢行为负责。[2]

本编首先介绍我国的"双碳"目标，随后概述碳会计概念的起源、观点与未来发展。本编的内容框架图如下：

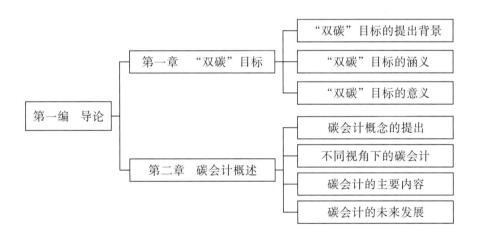

---

① GUTERRES A. Secretary-General's opening remarks at press conference on climate ［Z］. New York：UN Headquarters，2023 - 07 - 27.

② UNSRID. Measuring and reporting sustainability performance：are corporations and SSE organizations meeting the SDG challenge ［EB/OL］.（2019 - 06 - 03）. https：//cdn. unrisd. org/assets/legacy - files/301 - info - files/B70382A13E0AE0BDC125841F003C46AC/SDPI - - - Allen - White - Keynote - Speech. pdf.

第一章 "双碳" 目标

学习要点

- ◆ 了解我国"双碳"目标的提出背景
- ◆ 理解我国"双碳"目标的涵义
- ◆ 认识我国"双碳"目标的意义

导入案例

2020 年 9 月 22 日，国家主席习近平在第七十五届联合国大会一般性辩论上提出"中国将提高国家自主贡献力度，采取更加有力的政策和措施，二氧化碳排放力争于 2030 年前达到峰值，努力争取 2060 年前实现碳中和"。实现碳达峰、碳中和，是以习近平同志为核心的党中央统筹国内国际两个大局作出的重大战略决策，是着力解决资源环境约束突出问题、实现中华民族永续发展的必然选择，是构建人类命运共同体的庄严承诺。

2022 年 2 月 24 日，俄罗斯对乌克兰采取特别军事行动，俄乌冲突全面爆发。随着俄乌局势不断恶化，美欧等西方国家开始对俄罗斯实施全面制裁，强烈冲击俄罗斯原油出口，造成全球范围内原油供应紧张和价格飙升，加剧全球能源危机和经济滞胀风险。俄乌冲突导致全球各国实现碳中和进程被打乱，天然气和石油供应不稳定，各国的能源安全问题凸显，增产化石燃料的动向扩大。

世界各方都在密切关注，全球应对气候变化的进程是否由此出现变化？中国的"双碳"目标是否面临挑战？

2022 年 9 月 22 日，国家发展改革委举行新闻发布会，针对俄乌冲突导致的国际能源供应紧张是否影响中国"双碳"目标的问题作出回应："双碳"工作开局良好，各方面进展好于预期，中国一定能够如期实现"双碳"目标。

第一节 "双碳"目标的提出背景

中国作为碳排放量最大的国家，在全球气候治理中的作用举足轻重。当前中国已经成为推动全球气候治理进程的重要力量，是全球应对气候变化的参与者和引领者。

1992年，中国成为最早签署《联合国气候变化框架公约》的缔约方之一。之后，中国不仅成立了国家气候变化对策协调机构，而且根据国家可持续发展战略的要求，采取了一系列与应对气候变化相关的政策措施，为减缓和适应气候变化作出了积极贡献。在应对气候变化问题上，中国坚持共同但有区别的责任原则、公平原则和各自能力原则，坚决捍卫包括中国在内的广大发展中国家的权利。中国于1998年5月签署并于2002年8月核准了《京都议定书》。2007年，中国政府制定了《中国应对气候变化国家方案》，明确到2010年应对气候变化的具体目标、基本原则、重点领域及政策措施，要求2010年单位GDP能耗比2005年下降20%。2007年，科学技术部、国家发展改革委等14个部门共同制定和发布了《中国应对气候变化科技专项行动》，提出到2020年应对气候变化领域科技发展和自主创新能力提升的目标、重点任务和保障措施。

2013年11月，中国发布第一部专门针对适应气候变化的战略规划《国家适应气候变化战略》，使应对气候变化的各项制度、政策更加系统化。2015年6月，中国向《联合国气候变化框架公约》秘书处提交了《强化应对气候变化行动——中国国家自主贡献》文件，确定了到2030年的自主行动目标：二氧化碳排放2030年左右达到峰值并争取尽早达峰；单位国内生产总值二氧化碳排放比2005年下降60%~65%，非化石能源占一次能源消费比重达到20%左右，森林蓄积量比2005年增加45亿立方米左右。同时，中国表示将继续主动适应气候变化，在抵御风险、预测预警、防灾减灾等领域向更高水平迈进。世界自然基金会等18个非政府组织发布的报告指出，中国的气候变化行动目标已超过其"公平份额"。[①]

在中国的积极推动下，世界各国在2015年达成了应对气候变化的《巴黎协定》。2016年，中国率先签署《巴黎协定》并积极推动落实。2017年，美国特朗普政府宣布退出《巴黎协定》之后，中国第一时间宣布，将继续全面履行《巴黎协定》。到2019年底，中国提前超额完成2020年气候行动目标，树立了信守承诺的大国形象。通过积极发展绿色低碳能源，中国的风能、光伏和新能源汽车产业迅速发展壮大，为全球提供了性价比最高的可再生能源产品，让人类看到可再生能源大规模应用的"未来已来"，从根本上提振了

---

① 刘石磊. 中国为气候治理做了多大贡献[EB/OL]. (2015-11-30). 新华网，http://www.xinhuanet.com/world/2015-11/30/c_128481291.htm.

全球实现能源绿色低碳发展和应对气候变化的信心。[①]

2020 年 9 月，国家主席习近平在联合国大会上正式确立了"双碳"目标，向世界递交我国减排路线的时间表。中国的这一庄严承诺，在全球引起巨大反响，赢得国际社会的广泛积极评价。在此后的多个重大国际场合，习近平主席反复重申了中国的"双碳"目标，并强调要坚决落实。"双碳"目标随后被写入"十四五"规划和 2035 年远景目标纲要，"双碳"目标正式上升到国家战略层面。推动碳排放尽早达峰是我国履行国家自主贡献承诺、赢得全球气候治理主动权的重要手段，也是我国建设生态文明、践行绿色发展理念的核心内容和内在要求。

在 2020 年 12 月 12 日举行的气候雄心峰会上，习近平主席进一步宣布，到 2030 年，中国单位国内生产总值二氧化碳排放将比 2005 年下降 65% 以上，非化石能源占一次能源消费比重将达到 25% 左右，森林蓄积量将比 2005 年增加 60 亿立方米，风电、太阳能发电总装机容量将达到 12 亿千瓦以上。习近平主席还强调，中国历来重信守诺，将以新发展理念为引领，在推动高质量发展中促进经济社会发展全面绿色转型，脚踏实地落实上述目标，为全球应对气候变化作出更大贡献。

第二节 "双碳" 目标的涵义

《联合国气候变化框架公约》定义的气候变化是指"除在类似时期内所观测的气候的自然变异之外，由于直接或间接的人类活动改变了大气的组成而造成的气候变化"，强调的是人类活动的影响。《联合国气候变化框架公约》规定，所有缔约方都有义务"用待由缔约方会议议定的可比方法编制、定期更新、公布并按照第十二条向缔约方会议提供关于《蒙特利尔议定书》未予管制的所有温室气体的各种源的人为排放和各种汇的清除的国家清单"。《京都议定书》及其修正案中给出了《联合国气候变化框架公约》管控的 7 种温室气体，包括二氧化碳（CO_2）、甲烷（CH_4）、氧化亚氮（N_2O）、氢氟碳化物（HFCs）、全氟碳化物（PFCs）、六氟化硫（SF_6）和三氟化氮（NF_3）。

碳达峰是指某个国家或地区的二氧化碳排放量达到历史最高值，经历平台期后持续下降的过程，是二氧化碳排放量由增转降的历史拐点（见图 1-1）。实现碳达峰意味着一个国家或地区的经济社会发展与二氧化碳排放实现"脱钩"，即经济增长不再以碳排放增加为代价[②]。达峰目标包括达峰年份和峰值[③]。

---

① 高世楫，俞敏. 中国提出"双碳"目标的历史背景、重大意义和变革路径 [J]. 新经济导刊，2021（2）：4-8.

② 碳达峰碳中和工作领导小组办公室，全国干部培训教材编审指导委员会办公室. 碳达峰碳中和干部读本 [M]. 北京：党建读物出版社，2022.

③ 中国科技新闻学会，中国大数据网，双碳大数据与科技传播联合实验室. 中国双碳大数据指数白皮书 [R]. 2022：8.

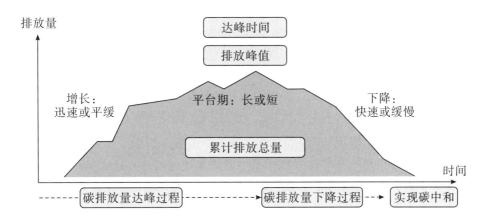

图 1-1 碳达峰示意图

资料来源：世界资源研究所（WRI）。

碳中和是指某个国家或地区在规定时期内人为排放的二氧化碳与通过植树造林、碳捕集利用与封存等移除的二氧化碳相互抵消。根据政府间气候变化专门委员会《全球升温1.5℃特别报告》，碳中和即二氧化碳的净零排放[①]。

碳中和概念始于 1997 年，由来自英国伦敦的未来森林公司（后更名为碳中和公司）首次提出[②]。1999 年，苏·霍尔（Sue Hall）在俄勒冈州创立名为"碳中和网络"的非营利组织，旨在呼吁企业通过碳中和的方式实现潜在的成本节约和环境可持续发展，并与美国环境保护署、自然保护协会等机构共同开发"碳中和认证"和"气候降温"品牌[③]。经过数年的推广，碳中和概念逐渐大众化，"carbon-neutral"一词在 2006 年被《新牛津美国词典》评为年度词汇[④]。2015 年 12 月 12 日，联合国 195 个成员国在《联合国气候变化框架公约》第 21 次缔约方会议上通过《巴黎协定》，取代《京都议定书》。《巴黎协定》要求各成员国努力将全球平均气温上升控制在较工业化前不超过 2℃、争取控制在 1.5℃之内，并在 2050—2100 年实现全球碳中和目标。自此，碳中和作为一项国家层面的发展理念，在世界范围内得到广泛接纳。

根据 NetZero Tracker 网站数据，截至 2022 年 6 月，全球已有 132 个国家、115 个地区、235 个主要城市和 703 家顶尖企业制定了碳中和目标，碳中和目标已覆盖了全球 88%的温室气体排放、90%的世界经济体量和 85%的世界人口。

---

① 碳达峰碳中和工作领导小组办公室，全国干部培训教材编审指导委员会办公室. 碳达峰碳中和干部读本 [M]. 北京：党建读物出版社，2022.

② 刘长松. 碳中和的科学内涵、建设路径与政策措施 [J]. 阅江学刊，2021（2）：48 - 60，121.

③ ELLISON K. Burn oil, then help a school out；it all evens out [Z]. CNN Money，2002 - 07 - 08.

④ OUPblog. Carbon neutral：Oxford word of the year [EB/OL]. (2006 - 11 - 13). https://blog.oup.com/2006/11/carbon_ neutral_/.

碳中和应从碳排放（碳源）和碳固定（碳汇）两个方面来理解。[①]

碳排放既可以由人为过程产生，又可以由自然过程产生。人为过程主要来自两部分：一是化石燃料的燃烧形成二氧化碳（CO_2）向大气圈释放，二是土地利用变化（最典型者是森林砍伐后土壤中的碳被氧化成二氧化碳释放到大气中）。自然界也有多种过程可向大气中释放二氧化碳，比如火山喷发、煤炭的地下自燃等。但近一个多世纪以来，相对于人为碳排放，自然界的碳排放对大气二氧化碳浓度变化的影响几乎可以忽略不计。

碳固定可以分为自然固定和人为固定两大类，并且以自然固定为主。最主要的自然固碳过程来自陆地生态系统，其中又以森林生态系统为主。人为固定二氧化碳有两种方式：一种方式是把二氧化碳收集起来后，通过生物或化学过程，把它转化成其他化学品；另一种方式是把二氧化碳封存到地下深处和海洋深处。

过去几十年中，人为排放的二氧化碳中约有54%被自然过程所吸收固定，剩下的46%则留存于大气中。在被自然吸收的54%中，23%由海洋完成，31%由陆地生态系统完成。比如最近几年，全球每年的碳排放量大约为400亿吨二氧化碳，其中的86%来自化石燃料燃烧，14%由土地利用变化造成。这400亿吨二氧化碳中的184亿吨（46%）进入大气中，导致大气二氧化碳浓度增加大约2ppmv。

碳中和就是要使大气二氧化碳浓度不再增加。经济社会运作体系即使到了有能力实现碳中和的阶段，一定还会存在一部分"不得不排放的二氧化碳"。对于这部分二氧化碳，有54%左右可以通过自然过程固碳，余下的需要通过生态系统固碳，以及人为地将二氧化碳转化成化工产品或封存到地下等方式来消除。当排放量相等于固定量才算实现了碳中和。由此可见，碳中和与零碳排放是两个不同的概念，碳中和是以大气二氧化碳浓度不再增加为标志。

第三节 "双碳" 目标的意义

一 应对全球气候变化的大国担当

"双碳"目标的提出，彰显了中国积极应对气候变化、走绿色低碳发展道路、推动构建人类命运共同体的坚定决心，为国际社会全面有效落实《巴黎协定》注入强大动力。这向全世界展示了应对气候变化的中国雄心和大国担当，使我国从应对气候变化的积极参与者、努力贡献者，逐步成为关键引领者。

当前，中国已经成为推动全球气候治理进程的重要力量，是全球应对气候变化的参与者和引领者。在《巴黎协定》制定的过程中，中美两国元首连续五次发表联合声明，为

---

① 丁仲礼. 深入理解碳中和的基本逻辑和技术需求［J］. 时事报告（党委中心组学习），2022（4）：23-40.

《巴黎协定》确定了基本原则和框架，为其达成、签署和生效发挥了关键作用。在 2017 年美国特朗普政府宣布退出《巴黎协定》之后，中国第一时间宣布，将继续全面履行《巴黎协定》，稳定了全球应对气候变化的大局。2020 年，中国宣布提高国家自主贡献的力度与实现碳中和的国家目标，为推动全球迈向碳中和作出了重要贡献。中国提出"双碳"目标，对于提升全球气候治理的话语权有重要意义。这一积极行动不仅有助于把握国际舆论和博弈的主动权，也有助于树立负责任大国的积极形象，为国内经济社会发展营造良好的国际环境。

二 推进生态文明建设的有力抓手

生态文明建设是关乎中华民族永续发展的根本大计。习近平总书记对生态文明建设倾注巨大心血，亲自擘画、亲自部署、亲自推动，从秦岭深处到祁连山脉，从洱海之畔到三江之源，从南疆绿洲到林海雪原，他走到哪里就把建设生态文明的观念讲到哪里，深刻回答了为什么建设生态文明、建设什么样的生态文明、怎样建设生态文明等重大理论和实践问题，形成了习近平生态文明思想。生态文明建设在党和国家事业发展全局中的地位显著提升，在"五位一体"总体布局中，生态文明建设是其中一位；在新时代坚持和发展中国特色社会主义的基本方略中，坚持人与自然和谐共生是其中一条；在新发展理念中，绿色是其中一项；在三大攻坚战中，污染防治是其中一战；在到本世纪中叶建成社会主义现代化强国目标中，"美丽中国"是其中一个。党的十八大以来，全党全国推动绿色发展的自觉性和主动性显著增强，"美丽中国"和"绿水青山就是金山银山"的可持续发展理念贯穿政策始终。

2021 年 3 月 15 日，习近平总书记在中央财经委员会第九次会议上强调，实现碳达峰、碳中和是一场广泛而深刻的经济社会系统性变革，要把碳达峰、碳中和纳入生态文明建设整体布局，拿出抓铁有痕的劲头，如期实现 2030 年前碳达峰、2060 年前碳中和的目标。这是习近平生态文明思想指导我国生态文明建设的最新要求，体现了我国走绿色低碳发展道路的内在逻辑。习近平总书记提出将"双碳"目标纳入生态文明建设的整体布局，足见政治定位之高、决心之大。"双碳"目标意味着未来的发展将逐渐与碳"脱钩"，倒逼新一轮能源革命与产业结构升级，提高发展的质量，这与我们的绿色发展理念相契合。从根本上看，"双碳"目标本身就是生态文明建设的重要内容之一，是实现"美丽中国"的必由之路。

三 推动高质量发展的内在要求

"双碳"目标对我国高质量发展具有引领性作用，可以带来环境质量改善和产业发展的多重效应。绿色低碳发展不仅是国际减缓气候变化的客观需要，更是立足国内、以自身发展需求为主，着力解决资源环境约束突出问题、实现经济发展方式转变的必然选择。当前我国已经进入工业化后期，固定投资增速拐点显现，城镇化速率放缓，第三产业比重超过 50%，经济结构的深刻变革已然成为逐步与碳"脱钩"的最大底气。实现"双碳"目标将加快我国推进绿色低碳转型发展，加快产业结构调整，推动传统产业低碳改造升级，坚决遏制高能耗、高排放项目建设，发展壮大绿色低碳产业，助推高质量发展。

"双碳"目标有利于引导绿色技术创新，在可再生能源、绿色制造、碳捕集与利用等领域形成新增长点，提高产业和经济的全球竞争力。在"双碳"建设的过程中，我国加快推进绿色低碳技术攻关和应用，瞄准世界先进水平，加强低碳、零碳、负碳重大科技攻关，积极参与节能减排领域的国家实验室、重大科技创新平台建设，大力推进智能电网、储能、氢能、碳捕集等技术的研发应用。从长远看，推动"双碳"工作，不断创新绿色生产技术，将加快形成绿色经济新动力和可持续增长极，为我国全面建成社会主义现代化强国提供强大动力。

四　保障国家能源安全的根本途径

能源安全是关系国家经济社会发展的全局性、战略性问题，对国家繁荣发展、人民生活改善、社会长治久安至关重要。我国是世界上最大的油气进口国，面临油气供给受制于人的突出问题。根据国家统计局发布的数据，从 2001 年起，中国的原油进口量连涨 20 年，2017 年中国首次超过美国成为世界上最大的原油进口国。中国石油新闻中心指出，2021 年，中国原油对外依存度仍超 70%，天然气对外依存度高达 46%。

实现"双碳"目标，将倒逼能源系统低碳转型，有力推动以自主开发的清洁电能替代进口石油、天然气，从根本上破解对进口化石能源的过度依赖，增强国家对能源供应体系和能源资源的宏观调控力，切实提高我国能源供应安全，为经济社会发展提供充足、经济、稳定、可靠的能源供应保障。

本章小结

本章介绍了我国的"双碳"战略目标。第一节介绍了"双碳"目标的提出背景。提出"双碳"目标是我国履行国家自主贡献承诺、赢得全球气候治理主动权的重要手段，也是我国建设生态文明、践行绿色发展理念的核心内容和内在要求。

第二节介绍了"双碳"目标的涵义。"双碳"是碳达峰和碳中和的简称。我国的"双碳"目标具体是指二氧化碳排放力争 2030 年前达到峰值、2060 年前实现碳中和。

第三节介绍了"双碳"目标的意义。我国的"双碳"目标展示了应对全球气候变化的大国担当，是推进生态文明建设的有力抓手，是推动高质量发展的内在要求，是保障国家能源安全的根本途径。

◆◆ 思考与业务题 ◆◆

1. 如何看待我国实现"双碳"目标所面临的挑战和机遇？
2. 结合最新的低碳技术发展，说明技术进步在实现"双碳"目标中的重要性。
3. "双碳"目标给企业带来了哪些机遇？企业在我国的"双碳"目标中应发挥哪些作用？
4. 我国的"双碳"目标对个人的职业发展有什么影响？

第二章　碳会计概述

学习要点

◆ 了解碳会计的缘起与发展

◆ 掌握碳会计的概念

◆ 熟悉碳会计的主要内容

◆ 认识碳会计的未来发展

导入案例

2023 年 12 月 12 日，德勤会计师事务所发布一则 ESG 分析师的招聘信息，对应聘者的要求包括：环境能源、可持续发展等相关专业，对 ESG、温室气体排放、"双碳"话题有相关了解和工作经验；对于 ESG 高级顾问、经理、副总监的招聘条件中要求应聘者有三至五年的碳管理、绿色金融等可持续发展和气候变化相关咨询经验。

安永会计师事务所计划成立专门的 ESG 咨询公司——安永碳业（EY carbon），并组建可持续发展与气候变化团队为客户提供相关的咨询服务。

BOSS 直聘发布的《2021 应届生就业趋势报告》显示，新能源和环保领域对高学历青年人才的需求量大幅增加，其同期增长率为 225.4%，远高于其他传统行业。需求岗位涉及能源、汽车、房地产、计算机、金融等多个行业，包括碳核查、碳会计、碳审计、碳资产管理等多种岗位。一方面各行各业对"双碳"相关人才的需求量持续增加，但另一方面该专业领域的人才供应短缺。

会计专业应如何适应时代发展，拓展碳会计知识，培养服务国家"双碳"战略的财会人才？

第一节　碳会计概念的提出

会计是为了提高经济效益、加强经营管理和经济管理，在每个企业、事业、机关等单位范围内建立的一个以提供财务信息为主的经济信息系统[①]。也有观点认为，会计是一种管理活动，是一项经济管理工作[②]。无论是作为经济信息系统还是管理活动，在全球变暖和应对气候变化的挑战面前，会计需要考虑气候变化因素，于是就出现了碳会计。正如环境会计是传统会计的新发展，碳会计可以看作是环境会计的新方向。

碳会计或碳核算，对应的英文都是 carbon accounting。碳核算的概念最早可以追溯到1895 年瑞典地质学家 Hogbom 教授首次对全球碳循环进行的定量描述，其中包括对化石燃料燃烧造成的人为影响的估计。由此，科学家们从自然科学出发，将碳核算定义为"对生态环境中的温室气体通量进行物理测量、估计和计算"[③]。碳会计的概念则是随着碳排放权交易市场的出现而产生的。Bebbington 和 Larrinaga-Gonzalez（2008）对碳会计作出了较为明确但也可以说是狭义的定义，即碳会计是对碳排放配额的财务核算，具体是指对碳资产（如碳排放权）和碳负债（如果企业需要购买额外的配额履约）进行估值，以及对全球气候变化相关的风险与不确定性的核算和报告[④]。

20 世纪 80 年代，人类对全球变暖的讨论已经超出了科学范畴，气候变化成为政治和经济领域的焦点话题。1992 年，里约地球峰会通过了《联合国气候变化框架公约》。该公约规定所有签署国都必须在国家层面上进行温室气体核算，同时还要求所有缔约方使用可比方法制定、定期更新、公布和提供所有温室气体的人为源排放量和汇清除量的国家清单。国家温室气体排放量的测量成为各国承担气候变化责任的重要基础。碳核算也从全球层面测量、计算和估算温室气体排放的科学方法，发展为国家层面监测和报告温室气体排放的政策安排。

1997 年，《联合国气候变化框架公约》第三次缔约方全体会议通过的《京都议定书》建立了三个灵活合作的减排机制，即国际排放交易机制（International Emission Trading，简称 IET）、联合履行机制（Joint Implementation，简称 JI）和清洁发展机制（Clean Development Mechanism，简称 CDM），创建了一个由排放义务驱动的全球温室气体排放权市场框架。在该市场框架下，温室气体排放权利成为一种全新的虚拟商品。各国可以通过这三种机制在本国以外的地区取得减排的抵消额，从而以较低的成本实现减排目标。借助

---

① 葛家澍. 会计学导论［M］. 上海：立信会计图书用品社，1988.
② 杨纪琬. 关于"会计管理"概念的再认识［J］. 会计研究，1984（6）：7 - 12.
③ ASCUI F, LOVELL H. As frames collide：making sense of carbon accounting［J］. Accounting, auditing and accountability journal，2011，24（8）：978 - 999.
④ BEBBINGTON J, LARRINAGA-GONZALEZ C. Carbon trading：accounting and reporting issues［J］. European accounting review，2008，17（4）：697 - 717.

温室气体排放权交易平台，全球气候变暖由环境生态问题转变成了全球性的经济议题。由此，产生了对排放权商品和排放权交易业务进行恰当确认、计量和披露的需要，进而产生了基于货币量核算的碳排放权交易会计。

随着各国相继建立和运行碳排放权交易市场，参与碳市场的公司需要考虑在碳交易过程中所形成的碳排放权的资本化或费用化处理，以及相关的碳资产、碳负债、碳投资、碳损益、碳披露等的会计处理。carbon accounting 逐渐超出碳物质量核算的范围，增加了由碳引起的价值量变化的核算内容，即从碳核算发展到碳会计。由此发展出更为宽泛的碳会计概念，即碳会计一方面是对碳排放量和碳清除量的衡量，另一方面是对碳排放和碳清除所带来的财务影响的评价。一个企业或组织的碳会计包括非货币性和货币性视角，运用于对内和对外层面[①]。

第二节　不同视角下的碳会计

我们可以从自然科学和财务的不同学科视角理解碳会计，也可以从宏观或微观的不同核算层面认识碳会计。

一 | 不同学科视角下的碳会计

（一）自然科学视角下的碳核算

从 19 世纪 90 年代起，生态环境领域的专家采用物质流分析手段对国家、地区，以及全球范围的碳流量和碳存量进行核算，即采用实物计量单位对碳物质的流动变化和生态系统中的碳固存量进行核算，包括碳排放（碳源）和碳固存（碳汇）两个方面。碳核算是计算二氧化碳实物量的机制。二氧化碳实物量可以分为由源排放的量和固存的量，因此，碳核算又被称为碳排放与碳固存核算（Carbon Emission and Sequestration Accounting，简称 CES Accounting）[②]。从自然科学视角来看，碳核算被界定为碳排放和碳固存量的核算，关注的是碳的实物量。碳核算虽然与会计核算的货币价值几乎没有关系，但碳核算有助于实现自然的商品化，通过测量温室气体排放量将其转化为一种虚拟的商品，并借助碳市场赋予其交换价值[③]。

① HESPENHEIDE E，PAVLOVSKY K，MCELROY M. Accounting for sustainability performance [J]. Financial executive，2010，26（2）：52 –58.

② RATNATUNGA J. An inconvenient truth about accounting [J]. Journal of applied management accounting research，2007，5（1）：1 –20.

③ PELLIZZONI L. Ontological politics in a disposable world：the new mastery of nature [M]. New York：Routledge，2016.

（二）　财务视角下的碳会计

《京都议定书》的出台及各国碳排放权交易市场的相继建立，使得碳排放权成为一种可以交易的商品，从而对企业财务产生实质性影响。碳相关项目，如碳资产、碳负债的价值核算成为碳会计的新内容。碳交易市场的出现产生了新的财务会计核算问题，即碳排放权应该如何进行会计记录，由此形成了碳排放权交易会计，即处理以碳排放权及其交易为核心的会计业务。碳会计需要基于货币计量对碳资产（如授予的排放权）和碳负债（如购买排放权覆盖其排放义务）进行估值[①]。从宽泛的经济业务来看，碳会计包括了对碳汇、碳排放、碳排放权交易进行的确认、计量、记录与报告[②]。因此，财务会计视角下的碳会计被定义为处理碳相关活动的会计确认、会计计量、会计记录和会计披露等事宜。

（三）　综合视角下的碳会计

综合视角下的碳会计是一种综合考虑宏观和微观层面的碳排放和碳减排的核算方法。它不仅包括碳相关活动的物理量和货币量的核算，还包括收集和分析气候变化信息、碳风险管理、碳战略与成本管理、碳监测、碳审计等内容。

在宏观层面，碳会计主要关注国家或地区的总体碳排放和碳减排情况。它旨在评估和监测国家或地区的碳排放水平，为政府制定碳减排政策和措施提供指导，并为国际碳市场提供数据支持。宏观层面的碳会计具体包括以下五个方面。

（1）碳排放核算。通过收集和监测国家或地区的碳排放数据，对其进行量化和核算。

（2）碳减排核算。对碳减排政策和措施，如能源结构调整、推广清洁能源、节能减排、碳捕捉与储存等所产生的碳减排量进行量化和核算。

（3）碳报告和披露。宏观层面的碳会计需要根据国际公认的排放计量方法和标准出具国家温室气体排放清单和碳足迹报告，为国家或地区参与国际碳市场提供数据支持。

（4）碳管理。通过对碳数据的收集与分析，帮助国家或地区了解碳排放的分布情况和发展趋势，评估政策和措施的效果，指导政府碳配额分配、碳市场交易、碳税、碳金融等政策的制定。同时，它也可以为国家或地区的能源转型和可持续发展提供数据支持，促进低碳经济的发展。

（5）碳审计。宏观层面的碳审计是对一个国家或地区的碳排放和碳减排情况进行全面评估和核查的过程。碳会计需要借助审计手段和方法对国家核证减排量、清洁能源利用、碳排放等内容进行审定与核查。

在微观层面，碳会计是考虑企业或组织内部碳排放和碳减排情况的核算方法。它旨在量化和核算企业或组织的碳排放，为其制定碳减排策略和管理提供数据支持，促进可持续

①　BEBBINGTON J, LARRINAGA-GONZALEZ C. Carbon trading: accounting and reporting issues [J]. European accounting review, 2008, 17 (4): 697 –717.

②　强殿英，文桂江. 国外碳会计基本内容及对其借鉴意义 [J]. 财会月刊, 2011 (12): 82 – 83.

发展和低碳经济转型。微观层面的碳会计具体包括以下五个方面。

（1）碳排放核算。通过收集和监测企业或组织的直接和间接碳排放数据，对其进行量化和核算。

（2）碳减排核算。对碳减排措施，如更新设备、改进工艺、购买碳减排配额或参与碳交易市场等所产生的碳减排量进行量化和核算。

（3）碳报告和披露。将企业或组织的碳排放和碳减排数据进行报告和披露。这可以是内部报告，用于企业或组织内部的决策和管理，如与碳排放相关的风险核算与报告、与碳排放相关的不确定核算与报告等；也可以是外部报告，用于向利益相关方，如投资者、客户、政府和公众披露企业或组织的碳排放情况和碳减排成果。

（4）碳管理。碳管理内容包括使用各种碳核算技术来帮助管理者收集和记录碳相关信息、评估绩效、执行绿色投资和项目管理、实施碳战略、进行排放交易、管理碳风险、控制碳成本，以及协助适应气候变化环境等[1]。碳会计应与企业战略相结合。碳战略管理会计被界定为碳足迹测量、与客户交流碳效率信息、将碳管理整合到市场策略中等活动。

（5）碳审计。碳审计需要对碳排放、低碳或零碳技术创新、供应链或产品碳足迹计算、碳社会责任和碳会计信息等内容进行审验、鉴证或第三方评价。

因此，综合视角下的碳会计是以货币性和非货币性方式来确认、计量、监督、报告、管理和审计在所有价值链上的温室气体排放，以及这些排放所带来的影响，以满足不同信息使用者的决策需求。

二 不同核算层面的碳会计

（一）国家或区域层面的碳会计

国家或区域层面的碳会计主要是采用物质流的分析方法，对国家、地区甚至地球生态系统的温室气体排放进行核算。

根据核算的范围不同可以分为全面碳核算和部分碳核算。全面碳核算是指对所有与地球生态系统相关的碳源和碳汇进行核算，包括自然过程（如大气层和地球生物圈的调节等）和人类过程（如化石燃料的使用、水泥和石灰的生产等）[2]。部分碳核算是指对由人

---

[1] ASCUI F，LOVELL H. As frames collide：making sense of carbon accounting ［J］. Accounting，auditing and accountability journal，2011，24（8）：978－999.

[2] KUBECZKO K. Monitoring climate policy：a full carbon accounting approach based on material flow analysis ［D］. Vienna：Vienna University of Economics and Business，2003.

类土地使用变化和林业活动直接导致的生物源和汇的计量[①]。

　　国家和区域层面碳会计的两个重要概念是温室气体排放清单和碳足迹。温室气体排放清单是指一个国家在特定时间范围内各个经济部门和活动源产生的温室气体排放量的汇总和记录。它可以帮助国家了解和评估不同经济部门和活动源的排放情况，为制定和实施减排政策和措施提供依据。温室气体排放清单通常根据国际公认的排放计量方法和准则编制，以确保数据的可比性和准确性。碳足迹是指一个国家在特定时间范围内所产生的温室气体排放总量，包括直接排放和间接排放。直接排放是指由国家的经济部门和居民产生的直接温室气体排放，如工业生产、交通运输和能源消费等。间接排放是指由国家的消费活动引起的温室气体排放，如进口商品的生产和运输过程中所产生的排放。碳足迹的核算可以帮助国家了解和评估国内经济活动和消费对全球温室气体排放的贡献，为制定低碳发展战略和政策提供依据。

　　在国家层面的碳核算可以概括为一个国家或地区的自然和人为、直接和间接温室气体排放的实物计量和非货币性评价，以掌握温室气体排放水平，服务和实现减排战略，增加公众利益，并可能影响国际会计准则制定[②]。

（二）企业和组织层面的碳会计

　　企业和组织层面的碳会计包括对外的碳财务会计和对内的碳管理会计两大方面。

　　碳财务会计关注企业和组织的对外报告和披露，以反映企业或组织的碳资产、碳负债、碳成本，以及碳收益，主要包括对碳排放权交易的会计核算和碳信息披露两大部分。

　　（1）碳排放权交易的会计核算。碳财务会计是将碳排放权视为一项资产，将碳排放视为一项负债，将减排视为一项收益，将增排视为一项支出，并将其纳入财务报表。这意味着企业和组织需要对其碳排放或碳减排进行核算，并用货币计量其经济价值。

　　（2）碳信息披露。企业和组织还需要分析和反映碳监管政策、碳市场发展以及自身碳管理活动等因素对其财务状况的影响。碳财务会计增加对气候相关影响的披露，可以提供更全面和准确的财务信息，信息使用者在决策中也能更全面地考虑碳排放的财务影响。对于投资者来说，碳财务会计可以帮助他们评估和管理碳相关的金融风险，为投资决策提供更全面的信息。

　　碳管理会计主要是通过各种管理工具来识别、计量和管理企业或组织的碳排放和能源消费，以实现减少碳排放和提高能源效率的目标。碳管理会计关注企业或组织的内部流程

① JONAS M，OBERSTEINER M，NILSSON S. How to go from today's Kyoto protocol to a post-Kyoto future that adheres to the principles of full carbon accounting and global-scale verification？a discussion based on greenhouse gas accounting，uncertainty and verification［R］. Laxenburg：International Institute for Applied Systems Analysis，2000.

② STECHEMESSER K，GUENTHER E. Carbon accounting：a systematic literature review［J］. Journal of cleaner production，2012（36）：17－38.

和管理，它的主要任务涉及数据收集、计算、报告和分析，帮助企业或组织了解其碳排放情况，并为企业或组织制定低碳发展战略和政策。首先，碳管理会计需要收集和处理温室气体直接排放和间接排放数据，包括能源消耗数据、生产过程排放数据、供应链碳数据等。其次，基于收集和处理的数据，碳管理会计可以制定碳排放清单和碳足迹报告来展示企业或组织温室气体排放情况。最后，通过对这些数据的分析和解读，碳管理会计可以帮助企业或组织了解其主要的温室气体排放来源，并识别潜在的减排机会，进而有助于企业或组织制定减排策略和目标，并监测减排措施的实施效果。可见，碳管理会计是企业和组织减排、节约成本、交易排放配额和 CCER、制定低碳策略的基础。目前，碳管理会计的主要内容包括碳成本会计和碳战略会计等。碳成本会计关注碳配额或碳许可交易、低碳排放技术投资、碳法规遵从、碳成本转移等活动的成本和收益，碳战略会计将碳足迹、碳效率、碳资本成本和碳经济附加值等融入企业和组织的人力资源管理、营销战略、定价策略、国际贸易战略、供应链战略和业绩评价等管理活动[1]。

因此，企业和组织层面的碳会计包括对直接与间接温室气体排放的自愿性和强制性确认、货币性和非货币性计量、对内和对外报告及其鉴证[2]。

（三）项目层面的碳会计

在项目层面上，碳会计的主要内容是对来自森林或其他项目的核证碳减排量或碳信用额进行非货币性评价和货币性估值。

核证碳减排量或碳信用额是基于抵消信用的碳减排指标。《京都议定书》下的 JI 和 CDM，以及新西兰、美国加州等碳市场创设的抵消机制，都是基于抵消项目的交易市场。基于项目信用抵消的碳减排机制主要是将事前设立的基准与事后的实际碳排放量进行对比进而确定碳信用额，即以项目实施前所发生的碳排放量为基准，对项目实施后的实际碳排放量进行测量与计算，确定以项目为基础的活动所产生的碳减排量，经授权机构核查与认证后即可成为可交易的核证碳减排量或碳信用额[3]。

中国国家核证自愿减排量（Chinese Certified Emission Reduction，简称 CCER）是对不具有温室气体减排义务以及碳排放权交易覆盖范围以外的活动所产生减排量签发的指标，经国务院生态环境主管部门认可后，可用于抵消重点排放企业的温室气体排放。中华人民共和国境内登记的法人和其他组织，可以在国家政策范围内实施温室气体自愿减排项目，并委托政策规定的审定与核查机构对其项目进行审定以及对减排量进行核查。经过审定与核查后，申请项目登记的法人或者其他组织，即项目业主，可以向注册登记机构申请项目

① RATNATUNGA J. Carbonomics：strategic management accounting issues［J］. Journal of applied management accounting research，2008，6（1）：1－10.

② STECHEMESSER K，GUENTHER E. Carbon accounting：a systematic literature review［J］. Journal of cleaner production，2012（36）：17－38.

③ 王爱国. 碳交易市场、碳会计核算及碳社会责任问题研究［M］. 桂林：广西师范大学出版社，2017.

和减排量的登记。经注册登记系统登记的项目减排量称为 CCER，以"吨二氧化碳当量"为计量单位。CCER 可以用于企业的碳中和行动、碳市场交易等。例如，企业可以通过 CCER 来抵消全国碳排放权交易市场配额的清缴，实现碳中和目标。此外，CCER 也可以在全国温室气体自愿减排交易市场上进行买卖，为企业和机构提供了一种碳减排的灵活机制。CCER 的推出对于推动中国的碳减排和可持续发展具有重要意义。它鼓励和支持企业和项目参与者主动减少碳排放，并为他们提供了经济激励和市场机会。

项目层面的碳会计可以被定义为对项目的温室气体排放与减排进行非货币性计量和评价，以及对温室气体减排项目进行货币性评价，为项目所有人和投资者决策提供有用信息，并建立相应的方法学[①]。

（四）产品层面的碳会计

产品层面的碳会计主要关注与产品生产及其上下游价值链相关的碳排放核算。产品层面上的碳会计也被称为产品碳足迹会计。产品碳足迹是指产品系统中温室气体排放量和清除量的总和，以二氧化碳当量表示，并基于产品生命周期进行评估（ISO 14067，2013）。产品碳足迹会计被定义为对产品整个生命周期的碳排放数据进行量化[②]，即对产品涉及的四个活动，包括上游价值链相关活动、产品生产活动、产品回收活动和下游价值链相关活动的碳排放进行核算[③]。

基于产品层面的碳会计主要向两个方向发展：一是将环境成本纳入产品成本核算范围，并最终体现在产品价格中；二是核算碳足迹，鼓励提供产品碳足迹标签供顾客选择。碳足迹标签提供了让顾客更多了解环境问题的可能性，推动对生命周期评价（LCA）的思考，并最终形成一个计量产品和劳务对环境影响的一致性框架[④]。

产品层面的碳会计可以概括为对产品整个生命周期直接和间接的温室气体排放进行计量，以实现与产品相关的碳减排，增进顾客、股东等利益相关者对相关碳信息的了解[⑤]。

---

① STECHEMESSER K, GUENTHER E. Carbon accounting：a systematic literature review［J］. Journal of cleaner production，2012（36）：17 – 38.

② WEIDEMA B P, THRANE M, CHRISTENSEN P, et al. Carbon footprint：a catalyst for life cycle assessment?［J］. Journal of industrial ecology，2008，12（1）：3 – 6.

③ LARSEN A, MERRILD H, CHRISTENSEN T. Recycling of glass：accounting of greenhouse gases and global warming contributions［J］. Waste management & research，2009，27（8）：754 – 762.

④ WEIDEMA B P, THRANE M, CHRISTENSEN P, et al. Carbon footprint：a catalyst for life cycle assessment?［J］. Journal of industrial ecology，2008，12（1）：3 – 6.

⑤ 张虹，朱靖. 国际碳会计研究综述［J］. 四川师范大学学报（自然科学版），2014，37（4）：618 – 624.

第三节　碳会计的主要内容

本书从广义会计范畴出发安排教材内容。按照课程的逻辑顺序，本节将从碳财务会计、碳管理会计、碳审计与碳金融四个方面介绍碳会计。

一　碳财务会计

碳财务会计是基于财务报告概念框架，对碳排放权交易业务进行确认、计量、记录和报告，以如实反映碳排放权交易业务对企业财务状况、经营成果和现金流量所带来的影响。本书主要从碳排放权交易机制、碳排放权交易会计处理和碳信息披露三个方面来介绍碳财务会计。

基于外部性理论、产权理论，经济学家们提出了排放权交易概念，而碳排放权交易概念就是在排放权交易理论应用的基础上发展而来的。碳排放权交易属于排放权交易的一个分支，只是碳排放权交易的标的物是碳排放权配额，因此两者具有相同的交易模式和共同的理论基础。当前的碳排放权交易制度以总量控制与交易机制（Cap and Trade System）为主，以基线与信用机制（Baseline and Credit System）为辅，通过碳排放权交易市场来引导与激励企业减排，最终实现社会总减排成本的最小化。为深入了解碳排放权交易制度的具体设计，本书还从覆盖范围、配额总量、配额分配、抵消机制、灵活性措施、交易主体等方面分别介绍了欧盟和中国的碳排放权交易机制的制度设计情况。

随着碳排放权交易制度的推行与发展，许多国家和地区陆续建立碳排放权交易市场，并启动了碳排放权交易，由此也就带来了碳排放权交易的会计处理问题，即如何对碳排放权交易业务进行确认、计量和报告。国际上关于碳排放权交易的会计处理方法主要依据国际财务报告准则理事会 2004 年 12 月发布的《国际财务报告解释第 3 号：排放权》，而中国碳排放权交易的会计处理则主要遵循 2019 年财政部发布的《碳排放权交易有关会计处理暂行规定》。

碳信息披露是指企业或组织公开披露其碳减排行动、碳排放量、减排目标、减排计划、减排行动和成果等方面的信息。此外，还包括与碳排放和减排相关的风险、机遇和策略等信息。碳信息披露是企业和组织在应对气候变化和实现可持续发展过程中不可或缺的一部分，可以帮助企业和组织评估其碳足迹、制定减排目标、实施减排行动，并展示其在气候治理方面的责任和努力。国际组织的碳信息披露框架主要有《国际财务报告可持续披露准则第 2 号：气候相关披露》《ESRS E1：气候变化》以及 CDP 气候变化问卷等。中国碳信息披露制度主要是各部委发布的相关碳信息披露制度与要求，以及香港交易及结算所有限公司发布的《气候披露指引》。中国的碳信息披露制度虽日趋完善，碳信息透明度也在不断提高，但仍然缺乏一个统一的披露框架。

二 | 碳管理会计

碳管理会计是指运用管理会计的相关知识，将传统会计知识与气候环境因素相结合，以改善企业环境绩效和提高经济绩效为最终目标，针对企业开展的一系列管理实践活动。碳管理会计与传统管理会计一样，也包括碳预算、碳成本、碳绩效、碳风险管理的知识体系。然而，相较于传统管理会计丰富的学科门类和知识体系，碳管理会计产生和发展的历史相对较短，大部分内容仍在探索中。本书主要从企业碳排放核算和碳成本与碳绩效两个方面来介绍碳管理会计。

企业碳排放核算中的"碳"是广义的概念，它并不只代表二氧化碳排放量的核算，而是包括所有的温室气体。因此，企业碳排放核算又称企业温室气体盘查或碳盘查，指根据相关核算标准，对企业所有可能产生的温室气体进行排放源清查与数据收集，以了解企业温室气体排放源、量化收集数据，测算企业温室气体排放量的过程。同时，为确保碳核算结果的准确性和可比性，企业和组织应遵循国际或国家层面的相关核算标准和指南，如世界资源研究所与世界可持续发展工商理事会发布的《企业标准》、国际标准化组织发布的ISO 14064、国家发展改革委发布的行业核算标准等。企业碳排放核算的基本步骤包括确定组织边界、确定运营边界、选择核算方法、收集核算数据、选择计算标准、汇总排放数据。在具体实施碳排放核算时，对核算对象边界范围内直接或间接产生的温室气体进行量化。其中，直接排放是指企业或组织自有或控制的排放源所产生的温室气体排放（范围一排放），如燃烧化石燃料产生的二氧化碳排放。间接排放包括企业或组织消耗的电力、热力等所产生的温室气体排放（范围二排放），以及价值链上下游活动所产生的温室气体排放（范围三排放）。企业和组织可以采用多种方法进行碳排放核算，如排放因子法、质量平衡法、实测法等。这些方法的选择取决于企业或组织的具体情况和核算目的。碳排放核算有助于企业和组织了解其温室气体排放情况，识别减排潜力和机会，制定减排策略，并跟踪和评估减排成果。

碳成本包括与碳排放相关的所有成本，主要包括为碳减排活动而开展的资本性投资、超额排放所产生的碳配额购买成本以及预期未来由于企业碳排放而引发的或有成本。本书重点介绍了碳排放成本的核算与评估。碳排放成本主要是由于超额碳排放而产生的配额购买成本，通过超额碳排放量与碳价的乘积计算得出。在核算过程中，要结合会计的作业成本法，能够将碳排放成本逐步分解到产品层面。通过碳成本核算，企业可以更好地管理碳资产和碳负债，制定更为合理的碳减排策略，并降低与碳排放相关的风险和成本。

碳绩效评价是指运用特定的方法对企业减少碳排放的效率、效果和相应的有效性或者经济性进行评价[1]。具体而言，碳绩效代表了企业在从事低碳或零碳技术应用、能源节约或能源结构改变，碳项目投资、碳交易、碳信息披露以及碳管理等涉碳活动中所付出的努力和产出的效果。碳绩效评价包括单指标评价法和综合指标评价法。单指标评价法包括碳投入能力、碳营运能力、碳产出能力、碳发展能力、碳风险能力；综合指标评价法介绍了碳排放绩效领导力指数和企业碳绩效指数。通过准确评估和衡量企业在碳排放和减排方面的绩效，企业可以制定更为合理的减排策略，并提升其在市场中的竞争力。

三 | 碳审计

碳审计是指按照系统方法对碳排放经管责任的履行情况进行独立鉴证，并将结果传达至利益相关者的治理制度安排[2]。本书从碳审计的涵义与主题、主体与客体、方法步骤和结果以及相关标准四个方面介绍碳审计。

碳审计是围绕碳排放相关信息、碳排放相关行为、碳排放相关制度三个碳审计主题，对碳排放政策、碳排放治理项目、碳排放资金、碳排放活动、产品碳认证五种具体形式的碳排放经管责任进行审计。碳审计由政府、社会、内部三个主体构成，以政府审计为主导，逐步向社会审计和内部审计过渡。基于不同的观点，碳审计客体包括碳排放活动、碳排放信息、碳排放单位、碳排放源等。

在实施碳审计的过程中，一方面从组织方式和取证模式对方法进行界定，另一方面从通用和专用两类方法进行选择，经过审计准备、审计取证、审计报告、后续审计四个步骤，最后根据不同审计业务界定审计发现、结论、建议和信息等审计结果，以完成后续的运用。

碳审计作为碳排放治理的专门类型审计业务，可采用通常审计技术方法，但由于碳审计主题及其审计载体具有自己的特性，因此碳审计具有专用技术方法。专用技术方法主要有三类：一是碳数据分析方法，因为碳排放相关数据之间的内在关联与碳审计数据的载体不同，碳数据分析的技术方法也必然有自己的特性。二是碳数据验证方法，碳数据可以通过测量的方法进行验证，或者通过基于底层数据再计算的方法进行验证。三是碳绩效评价方法，碳排放绩效是一种特殊类型的绩效，碳绩效评价方法也具有自己的特性。

国际、国内组织已制定了独立的碳审计标准，并逐步融入其他准则的组成部分，如ISAE 3410 准则、ISO 14064 – 3 标准、AA 1000 标准、ESG 鉴证报告技术公告、可持续发展信息验证指南等。

随着低碳经济的发展，碳审计将会越来越受到重视和关注。同时，随着科技的进步和数据处理技术的发展，碳审计的方法和手段也将不断创新和完善。

---

① 王爱国. 碳绩效的内涵及综合评价指标体系构建［J］. 财务与会计（理财版），2014（11）：41 – 44.
② 郑石桥. 论碳审计本质［J］. 财会月刊，2022（4）：93 – 97.

四　碳金融

本段主要从气候投融资和搁浅资产两个方面来介绍碳金融。

气候投融资属于可持续金融和绿色金融的具体领域。可持续金融涵盖了最广泛的领域，其资金支持范围涉及联合国《2030 年可持续发展议程》中的减贫、社会、教育、性别、就业、气候变化、清洁能源等 17 个可持续发展目标。绿色金融是为支持环境改善、应对气候变化和资源节约高效利用的经济活动，即对环保、节能、清洁能源、绿色交通、绿色建筑等领域的项目投融资、项目运营、风险管理等所提供的金融服务。绿色金融是可持续金融的组成部分，聚焦生态环境保护领域。

气候投融资是指为实现国家自主贡献目标和低碳发展目标，引导和促进更多资金投向应对气候变化领域的投资和融资活动，是绿色金融的重要组成部分。气候投融资的支持范围包括减缓和适应两个方面。

（1）减缓气候变化，包括：调整产业结构，积极发展战略性新兴产业；优化能源结构，大力发展非化石能源；开展碳捕集、利用与封存试点示范；控制工业、农业、废弃物处理等非能源活动温室气体排放；增加森林、草原及其他碳汇等。

（2）适应气候变化，包括：提高农业、水资源、林业和生态系统、海洋、气象、防灾减灾救灾等重点领域适应能力；加强适应基础能力建设，加快基础设施建设、提高科技能力等。

气候投融资的工具主要有信贷工具、气候债券、气候基金、碳基金以及保险工具。

搁浅资产是指资产由于一系列环境相关风险，遭受意外或过早注销、向下重估或转换为负债的资产①。搁浅资产风险可能是由一系列与环境相关的风险引起的，导致资产搁浅的环境风险可以分为物理风险、转型风险以及责任风险三类，具体包括环境挑战、资源结构变化、监管规定出台、新技术的发展、社会规范的演变。搁浅资产可能会带来公司风险、金融机构风险、系统性金融风险以及全球经济风险。应对搁浅资产风险，企业需要关注环境外部性的影响，重视与环境相关的风险因素，并制定相应风险管理战略。

随着全球气候变化问题的日益严重，碳金融市场的发展前景越来越广阔。许多国家和地区都在积极推动碳金融市场的发展，制定相关政策和措施，鼓励金融机构和企业参与碳金融活动。同时，随着技术的不断进步和市场的不断成熟，碳金融市场的交易品种和规模也在不断扩大，为金融机构和企业提供了更多的投资和交易机会。

---

① ANSAR A, CALDECOTT B L, TILBURY J. Stranded assets and the fossil fuel divestment campaign：what does divestment mean for the valuation of fossil fuel assets？［R］. Oxford：University of Oxford, 2013.

第四节　碳会计的未来发展

一　碳会计需要建立跨学科的系统性思维

自然环境变化由人类行为驱动，反过来，环境变化也会推动人类社会与经济体系的变化。因此，碳会计不仅仅是一种技术工具，而是一种参与或不参与驱动这种系统转换的社会嵌入式工具[①]。碳会计的工作涉及多个领域的知识和技能，包括会计学、环境科学、统计学、经济学、计算机科学和管理学等。它需要跨学科的思维，将不同领域的知识和技能整合到一起，以便有效地测量和管理碳排放。气候变化是一个重大挑战，碳会计不能脱离其社会性质以及与可持续发展目标的系统联系，因此，碳会计需要建立系统性思维，开展跨学科的研究和行动。

二　碳会计需要重构企业战略和治理架构

对气候变化的核算和问责将影响企业的战略和治理架构。碳会计可以帮助企业评估其对环境的影响，更好地了解和管理碳排放，并制定相应的碳减排策略。碳会计在传统会计的基础上，引入碳治理、碳信息管理、碳政策等要素，对采购、生产、运营、销售、循环利用等全价值链进行碳影响分析，为企业战略调整提供了依据。碳会计需要企业在制定战略时更加注重环境和社会责任，加强碳管理和采取减排措施。碳会计要求企业制定相关的政策和流程，以便更好地监测、报告和验证碳减排成果。同时，企业还需改善其内部治理结构，以确保碳减排策略得到全面实施和有效执行。因此，碳会计需要重构企业战略和治理框架，以便更好地应对和减缓全球气候变化。

三　碳会计需要回应社会可持续发展目标

气候变化对贫困、饥饿、健康、性别不平等、海洋、生物多样性产生了巨大影响[②]。气候危机加剧了适应气候变化的不平等和资源差距。碳排放是导致气候变化的主要原因之一，碳会计是计量和报告碳排放的一种重要工具。碳会计能够帮助组织更好地管理和减少碳排放，从而适应和减缓全球气候变化的影响。这符合社会的期望和要求，也符合企业或

① GIBASSIER D，MICHELON G，CARTEL M. The future of carbon accounting research：we've pissed mother nature off，big time ［J］. Sustainability accounting，management and policy journal，2020，11（3）：477 – 485.

② SCHAD J，BANSAL T. Seeing the forest and the trees：how a systems perspective informs paradox research ［J］. Journal of management studies，2018，55（8）：1490 – 1506.

组织的长期利益。碳会计需要思考如何承担环境和社会责任，以回应社会可持续发展目标，特别是在市场化补偿、气候脆弱性和不平等方面。

四　碳会计需要依托数字技术发展

数字技术的发展为碳会计提供了更加高效、准确、可持续和可靠的数据收集、处理和分析手段。数字技术可以帮助组织实现碳排放的准确报告和验证，从而增强碳会计的可靠性和透明度。智能传感器、无人机等数字技术可以帮助组织快速、准确地获取碳排放和能源使用等的数据。云计算、大数据、人工智能等数字技术可以帮助组织更加高效地处理和分析大量的数据，从而更好地识别碳排放来源和减排机会，帮助企业实现节能减排目标，并支持组织推进可持续发展战略。数字技术的创新和发展可以为碳会计持续提供更加高级、智能和可视化的数据处理和分析工具，进而赋能碳会计的创新和发展。因此，碳会计需要依托数字技术发展，帮助组织更加高效地管理碳排放和披露碳信息，推动社会可持续发展。

◆◆本章小结◆◆

本章介绍的是碳会计的基本内容，包括碳会计概念的提出、不同视角下的碳会计、碳会计的主要内容以及碳会计的未来发展四个部分。

第一节介绍了碳会计概念的提出。基于人类对全球变暖的关注，carbon accounting 最早被理解为碳核算，并被定义为对生态环境中的温室气体通量进行物理测量、估计和计算。随着各国相继建立和运行碳排放权交易市场，carbon accounting 逐渐超出碳物质量核算的范围，增加了由碳引起的价值量变化的核算内容，即从碳核算发展到碳会计。

第二节介绍了不同视角下的碳会计。从不同的学科视角来看，碳会计可以被理解为自然科学视角下的碳核算、财务视角下的碳会计以及综合视角下的碳会计。从不同的核算层面来看，碳会计包括国家或区域层面的碳会计、企业和组织层面的碳会计、项目层面的碳会计以及产品层面的碳会计。

第三节介绍了碳会计的主要内容。从广义会计范畴来看，碳会计的主要内容包括碳排放权交易会计处理、碳信息披露、碳排放核算、碳成本核算、碳绩效评价、碳审计、碳金融等。

第四节介绍了碳会计的未来发展。未来的碳会计需要建立跨学科的系统性思维，重构企业战略和治理架构，回应社会可持续发展目标，并依托数字技术发展。

思考与业务题

1. 谈谈碳会计与环境会计的联系与区别。
2. 举例说明碳会计对传统会计业务的拓展。
3. 结合企业实例，说明碳管理会计或碳金融对企业低碳发展的作用。
4. 如何看待碳会计未来的发展？

▶ 第二编　碳财务会计

　　随着碳排放权交易机制的推行与发展，许多国家和地区陆续建立碳排放权交易市场，并启动了碳排放权交易，由此也就带来了碳排放权交易的会计处理问题。

　　而高质量的碳信息披露能使碳排放权交易机制充分发挥减排作用，推动企业的低碳战略转型，实现企业的可持续低碳发展，进而提高整个社会的资源利用效率。要获得高质量的碳信息，需建立一套规范的、统一的碳信息披露框架，以提高碳信息披露的质量。

　　本编首先讨论碳排放权交易的基本原理和碳排放权交易机制的设计，以深入了解碳排放权交易的实质。接着，介绍碳排放权交易的会计处理问题，包括国际和中国的碳排放权交易会计规定。最后探讨国际和中国的碳信息披露制度与要求。

　　本编的内容框架图如下：

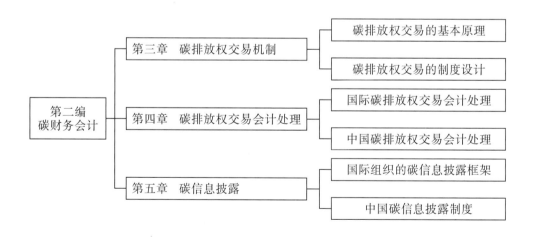

第三章　碳排放权交易机制

学习要点

- ◆ 了解碳排放权交易机制的产生
- ◆ 掌握碳排放权交易机制的理论基础
- ◆ 了解碳排放权交易机制的设计
- ◆ 理解碳排放权交易的实质

导入案例

2023 年 12 月 5 日，世界气象组织发布《十年期气候状况报告》称，2011—2020 年是有记录以来最温暖的十年。报告指出，温室气体浓度的持续上升助长了创纪录的陆地和海洋温度，并急剧加速了冰雪融化和海平面上升。

气象组织使用六组数据的平均值计算得出，2011—2020 年的全球平均温度比 1850—1900 年的平均水平高 $1.10 \pm 0.12℃$。根据记录，自 20 世纪 90 年代以来，每个十年的温度都高于上一个十年。在 2011—2020 年这十年中，最暖的年份是 2016 年和 2020 年，原因是发生了强烈的厄尔尼诺事件；同时，这十年报告创纪录高温的国家比任何其他十年都多。

气象组织秘书长塔拉斯在同日发布的一项声明中说："人类活动排放的温室气体无疑是造成气候变化的主要原因。我们必须把减少温室气体排放作为地球的首要任务，以防止气候变化失控。"

为积极应对气候变暖和减少温室气体的排放，全球各国家和地区主要采用建立碳排放权交易机制这一市场手段来减排。为什么会选择通过碳排放权交易机制来引导减排呢？其基本原理是什么？又是如何设计这一机制的呢？通过本章的学习，我们将会获得答案。

为使大气中的温室气体含量稳定在一个适当水平，进而防止剧烈的气候变化对人类造成伤害，《京都议定书》及其修正案中给出了《联合国气候变化框架公约》管控的 7 种温室气体，包括二氧化碳（CO_2）、甲烷（CH_4）、氧化亚氮（N_2O）、氢氟碳化物（HFCs）、全氟碳化物（PFCs）、六氟化硫（SF_6）和三氟化氮（NF_3），并允许采取以下四种减排方式：一是两个发达国家之间可以进行排放额度买卖的"排放权交易"，即难以完成削减任务的国家，可以花钱从超额完成任务的国家买进超出的额度；二是以"净排放量"计算温室气体排放量，即从本国实际排放量中扣除森林所吸收的二氧化碳的数量；三是可以采用绿色开发机制，促使发达国家和发展中国家共同减排温室气体；四是可以采用"集团方式"，即欧盟内部的许多国家可视为一个整体，采取有的国家削减、有的国家增加的方法，在总体上完成减排任务。同时还建立了旨在减排的三大灵活合作机制，即 IET、JI 和 CDM。IET 是指一个发达国家将其超额完成减排义务的指标，以交易的方式转让给另外一个未能完成减排义务的发达国家，并同时从转让方的允许排放限额上扣减相应的转让额度；JI 是指发达国家之间通过项目合作，所实现的减排单位可以转让给另一个发达国家缔约方，但是同时必须在转让方的分配数量配额上扣减相应的额度；CDM 是指发达国家通过提供资金和技术，与发展中国家开展合作，通过项目所实现的经核证的减排量用于发达国家缔约方履行在《京都议定书》所作承诺。由上不难看出，IET 与 JI、CDM 之间有着不可分割的联系，后两者所产生的减排量可在排放权交易市场上进行交易，这构成了排放权交易的重要部分。因此，这些机制允许发达国家通过碳排放权交易市场等灵活完成减排任务，而发展中国家可以获得相关技术和资金。可见，《京都议定书》通过为缔约方超出限额的排放量提供合理的交易途径，从此温室气体排放被赋予产权，可以在指定的场所进行出售、购买。这直接推动了碳排放权交易体系的形成。

本章主要讨论碳排放权交易的基本原理和碳排放权交易机制设计。通过本章的学习，可了解与掌握碳排放权交易机制的产生和碳排放权交易机制的实质。

第一节 碳排放权交易的基本原理

一 碳排放权交易机制的理论基础

20 世纪 60 年代，经济学家们提出了排放权交易概念，碳排放权交易概念是在排放权交易的基础上发展而来的。碳排放权交易是为减少温室气体排放量而提出的一种市场化减排手段，属于排放权交易的一个分支，只是碳排放权交易的标的物是碳排放权配额，与排放权交易有相同的交易模式和共同的理论基础。排放权交易的理论基础主要有外部性理论、产权理论（排放权交易理论）。

（一）外部性理论

外部性的概念最早由英国剑桥大学的阿尔弗雷德·马歇尔教授在 1890 年提出，指在两个主体缺乏任何相关经济交易的情况下，由一个主体向另一个主体所提供的物品束；强调的是缺乏交易情况下，两个主体之间的转移。

1920年，经济学家阿瑟·塞西尔·庇古在《福利经济学》中提出，外部性是指一个经济主体的活动对其他经济主体的福利所产生的有利或不利的影响，强调的是某一经济主体对外部环境的影响，且这种影响通常无法被市场价格所反映。庇古从公共物品入手，发现当生产过程中的私人成本和社会成本发生偏离时，市场就会失灵，这种私人成本与社会成本之间的差额就是所谓的外部性。庇古主张通过政府干预的作用来解决外部性问题，即著名的"庇古税"。"庇古税"主要是通过对造成外部性的一方征税，使污染成本内部化，来消除外部性。由此，此理论就成为环境经济学分析的基本框架和起点，正式开启了将环境污染视为外部性问题的研究。

外部性可分为正外部性和负外部性。正外部性是指一种经济活动使他人受益，受益方并未因此付费；负外部性是指一种经济活动使他人受损，施害方并未因此承担成本。非自愿的成本即负外部性，非自愿的收益即正外部性。在经济不断持续发展的当今社会，人类的经济行为将向自然界排放过多的二氧化碳等温室气体，这将会使全球气候变暖，造成负外部性。负外部性如果得不到遏制，将会使人类赖以生存的自然环境恶化。每一个生产商为了追求个人利益的最大化，会尽可能增加自身的温室气体排放，却不承担温室气体排放对气候变化所带来影响的成本，长此以往，气候变暖将会进一步加剧。通过采用外部性的研究，不仅仅可以寻求气候变暖的缘由，也为经济发展和气候变暖二者之间的矛盾寻找到解决办法，从而实现了资源的合理配置。

（二）产权理论

从经济学的角度来看，环境资源具有稀缺性，也就是环境资源容纳人类的各种排放的容量是有限的。针对如何消除负外部性，科斯提出了不同于庇古的"政府干预"的"非干预方案"，主张借助市场的力量来消除外部性，即科斯的产权理论，这同时也为排放权交易的开展奠定了理论基础。泰坦伯格认为，"产权"是指一系列用以确定所有者权利、特许和对其资源使用限度的权利[①]。他总结了有效产权结构的四个主要特性：一是普适性，即所有资源都是私有的或集体所有的，且对相应的权利都有明确的规定；二是专有性，即因一种行为产生的所有报酬和损失都直接与有权采取该行为的当事人相联系，若排除了专有性，对于个人来说就没有动机去支付、购买、保护和改善资源；三是可转让性，即所有的产权都可在一个所有者和其他所有者之间转让，而且是在公正条件下的自愿交换；四是可操作性，即任何产权都应得到充分保护，以防止其他人的侵犯。

科斯定理指出："如果交易成本为零，无论初始产权如何界定，都可以通过市场交易和自愿协商达到资源的最优配置；如果交易成本不为零，就可以通过合法权利的初始界定

---

① 邹骥. 环境经济一体化政策研究［M］. 北京：北京出版社，2000：96.

和经济组织的优化选择来提高资源配置的效率，实现外部效应的内部化，而无须抛弃市场机制。"[1] 科斯等人认为产权界定不明是导致负外部性问题的主要原因。只要明确界定财产的所有权，并加以保护，市场行为主体之间的交易活动就可以有效地解决负外部性问题，即通过产权的明确界定将外部性成本内部化，借助市场机制本身来解决由外部性问题所造成的市场失灵。依据科斯的观点，要控制二氧化碳等温室气体的过度排放，首先就要分配给排放企业合法的碳排放权利，合法的碳排放权利的初始界定是启动市场配置资源的一个根本前提。没有明确界定的环境资源产权，则使用资源所产生的成本、收益，厂商就不会予以考虑，市场机制便失去发生作用的基础，必然造成环境资源使用的无效率，即所谓的市场失灵。所以，环境产权学派在环境保护领域主张建立一套界定完善的自然资源产权制度，根据产权的归属来划归在自然资源使用的过程中相应的费用和效益。作为一种公共资源的环境容量，其产权的确定虽然很困难，且由于存在着巨大的交易成本，通过谈判来解决也难以实现，但科斯定理为我们提供了解决环境污染外部性问题的解决思路和理论基础，直接推动了排放权交易理论的产生和发展。

（三）排放权交易理论

排放权交易思想的提出始于美国经济学家戴尔斯（J. H. Dales）。1968 年，戴尔斯首先在其著作《污染、产权与价格》中基于科斯定理提出了排放权的概念，并将其应用到环境污染的控制研究。他指出政府（管理者）可以将污染作为一种产权赋予排放企业，并且规定这种权利可以转让，通过市场交易的形式提高环境资源的使用效率。戴尔斯举例说明了进行转让的一种方式："假设政府决定在未来的五年中每年允许不超过 A 单位的废弃物排入某水域。假设政府发行 A 单位的污染权并用来出售，同时制定法律规定污染者如果每年要向该水域排放 1 单位的污染物，则必须在该年拥有 1 单位的排放许可。由于 A 少于目前的排放量，排放权将会获得一个正的价格，这个价格可以减少 10% 的污染物排放量。产权市场可以是连续的，厂商发现他们的实际产量少于最初估计的产量时，多出来的排放权可以用来出售，处于相反状态的厂商可以购买排放权。所有人都可以购买排放权，水环境保护者可以购买排放权而不使用。一个改进的产权市场可以建立了……市场机制的优点在于不需要有人或机构制定价格，价格完全由排放权交易市场中的购买者和出售者决定。"[2]

1972 年，Montgomery 为排放权交易的理论研究奠定了基础。他分析了基于市场的排放权交易系统，从理论上证明了基于市场的排放权交易系统明显优于传统的指令控制系统[3]。由于排放权交易系统的污染治理量可根据治理成本进行变动，可以使总的协调成本最低，所以，如果用排放权交易系统代替传统的排放收费体系，就可以节约大量的成本。

①　沈满洪. 环境经济手段研究［M］. 北京：中国环境科学出版社，2001：95.

②　DALES J H. Pollution，property，and prices［M］. Toronto：University of Toronto Press，1968.

③　MONTGOMERY D. Markets in licenses and efficient pollution control programs［J］. Journal of economic theory，1972（5）：395 – 418.

由此可知，排放权交易是一种以市场为基础来控制环境污染的经济制度。在排放权交易体系中，政府无须做传统指令控制中那么多的工作，最主要的工作是确定每个区域的排放总量以及每个排放企业所分配到的排放权数量，并建立有效的排放权交易市场，促使排放权可以在市场上自由交易。有了排放权交易市场，排放企业会依据所分配的排放权情况决定自身的生产。若排放权有所节余就可以拿到排放权市场上出售，所得收入实质上是市场对有利于环境的外部经济性的补偿；反之，若排放权超额就必须花钱购买，其支出费用实际是外部不经济性的代价。所以，排放权交易实质是一种有效治理环境污染的手段。

二 碳排放权交易机制的基本原理

碳排放权交易是一种通过市场机制来减少碳排放的激励性的经济手段。目前，碳排放权交易市场的交易机制有两种，即基于配额（allowance）的总量控制与交易机制（Cap and Trade System）和基线与信用机制（Baseline and Credit System）。目前全球的碳排放权交易市场主要采用的是总量控制与交易机制。所谓总量控制与交易机制是根据一定区域要实现的温室气体减排目标，确定该区域的排放总量，发放给该区域纳入碳排放权交易体系的排放企业。排放企业获得配额后可自由转让或出售。到了规定的履约日期，排放企业必须交付与其实际排放量相当的配额，以完成减排任务。如果排放企业的实际排放量超过了其所持有的配额，则必须从碳排放权交易市场购买配额来进行履约；若未履约，除接受一定的惩罚外，仍需继续交付未履约的配额。采用总量控制与交易机制，能有效地控制温室气体的总排放量，实现减排目标。

在碳排放权配额的约束下，排放企业间边际减排成本（Marginal Cost，简称MC）的差异是碳排放权交易开展的内在动因，其经济学依据是收益—成本法则。边际减排成本低的排放企业将因减少的二氧化碳排放而节余的碳排放权配额用来转让、出售获得相应的经济回报；边际减排成本高的排放企业则通过购入碳排放权配额来抵消自身的超额碳排放量来履约以节约成本。从理论上讲，当排放企业间减少1个单位碳排放量的边际成本相等时，碳排放权交易市场出清，交易行为停止。从排放企业的角度来看，碳排放权交易的开展使得交易双方都可获得相应的利益，既完成了碳减排目标，又激励排放企业进行减排技术的创新，从而提高了减排效率；从整个社会的角度来看，碳排放权交易使碳排放权配额从减排成本低的排放企业流向减排成本高的排放企业，降低了全社会的减排成本，从而实现了环境容量资源的高效率配置。

下面通过举例来说明碳排放权交易的内在动因。假设有企业1与企业2两家排放企业，为实现碳排放量总目标，政府向企业1和企业2各发放了100个单位碳排放权配额。如果企业1的边际减排成本低于碳排放权交易市场的碳价或其他企业的减排成本，企业1就会选择自身减排而把节余的碳排放权配额向碳排放权交易市场出售或转让给减排成本高的企业而获益。相反，如果企业 2 的边际减排成本高于碳排放权交易市场的碳价或其他企业的减排成本，企业 2 则选择从碳排放权交易市场上购买排放权配额或接受减排成本低的企业的转让而非自己减排。当企业 1 和企业 2 两家企业的减排成本相等且等于碳排放权交易市场碳价时，企业 1 出售的排放权配额刚好是企业 2 从市场上购买的碳排放权配额，交易停止。通过交易，两家企业的总减排成本达到最低，且总排放量控制在 200 个单位，既实现了碳排放权配额在不同排放企业间的再分配，实现减排目标，又激励边际减排成本低的排放企业承担更多的减排任务，有利于整个社会效益、福利的增加。

碳排放权交易的原理可借图 3 - 1 来进行具体说明。假设存在排放企业 1 和企业 2，在没有碳排放限制时，两个排放企业的碳排放量分别为 120 个单位，碳排放总量共计 240 个单位。现在管理者限定碳排放总量为 120 个单位，即两排放企业必须完成合计减排 120 个单位的指标。

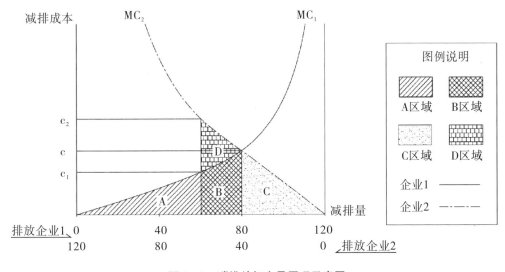

图 3 - 1　碳排放权交易原理示意图

如图 3 - 1 所示，建立坐标系，横轴代表二氧化碳减排量，纵轴代表单位减排成本。假设企业 1 的边际减排成本曲线为 MC_1，横轴正向为从左向右；企业 2 的边际减排成本曲线为 MC_2，横轴正向为从右向左。横轴设置 0 ~ 120 个单位的减排量，表示企业减排责任分担的所有可能情形。

图 3 - 1 明确地表明在两条减排成本曲线 MC_1 和 MC_2 的交点处，最优地实现了企业 1 和企业 2 的减排责任分担。企业 1 减排 80 个单位，企业 2 减排 40 个单位，此时两企业的边际减排成本相等，实现减排目标的减排总成本最小。两曲线与横坐标轴之间所谓的面积 A + B + C 代表两企业的减排总成本，其中 A + B 的面积代表企业 1 的减排成本，C 的面积代表企业 2 的减排成本。其他的减排责任分配方案都将导致减排总成本的增加。譬如，分

配给企业 1 的碳减排量是 60 个单位，分配给企业 2 的减排量也是 60 个单位。此时，企业 2 的边际减排成本 C_2 高于企业 1 的边际减排成本 C_1，如果没有碳排放权交易的发生，双方在既定分配目标下实现的总成本是 A + B + C + D，大于最优分配处实现的总成本。其余情形依此类推。

同时，可以看到边际减排成本的差异正是两企业进行碳排放权交易的根本动因。由前面的分析可知，由于企业 2 的边际减排成本高于企业 1 的边际减排成本，从而企业 2 就有动机以低的价格从企业 1 处购买碳排放权配额，降低自己的减排成本；企业 1 也愿意以高于自身减排成本的价格卖出碳排放权配额，来提高自己的经济效益。碳排放权交易将一直进行到企业 1 减排 80 个单位、企业 2 减排 40 个单位时，即碳排放权交易的价格等于两企业的边际减排成本时，碳排放权交易停止。

可以看出，通过碳排放权交易，管理者无须了解各排放企业的具体边际减排成本，只要制定出减少二氧化碳排放总量的目标，并允许企业自行决定减排的途径，在总量控制的前提下，企业自身就会根据利润最大化原则，最优地实现减排目标。同时，通过碳排放权交易使得边际减排成本较低的企业更多地参与减排活动，实现了碳排放权从边际减排成本较低的企业流向边际减排成本较高的企业，在减排总量不变的情况下，节约了减排的总成本（如图 3 - 1 中的区域 D，就是通过碳排放权交易节省的减排成本），提高了资源的再分配效率。所以，碳排放权交易既有助于提高管理者的工作效率，完善减排责任的分配；又有利于成本的节约和环境容量资源的有效配置。

第二节　碳排放权交易的制度设计

为控制温室气体排放、抑制全球变暖，全球各地越来越多国家和地区采用碳排放权交易作为减排政策。目前共 27 个碳排放权交易体系投入运营（World Bank Group，2019），包括 1 个跨国的地区碳排放权交易体系、4 个国家的碳排放权交易体系、15 个州/省和 7 个城市采用的碳交易体系。未来将会有更多的碳排放权交易市场投入运行，碳排放权交易市场所覆盖的碳排放总量将增加近 70%，覆盖的行业也将逐步增加，主要包括电力、工业、航空、交通、建筑、废弃物及林业。

《京都议定书》之后，欧盟于 2005 年第一个建立了区域性碳排放权交易市场"欧盟碳排放权交易体系"（EU ETS），作为气候变化领域的积极倡导者，欧盟结合其碳税的相关经验，积极完善立法，使 EU ETS 成为制度较为完善的体系，为其他国家或地区建立碳排放权交易体系提供了重要参考。新西兰于 2008 年启动碳排放权交易体系，根据自身特点，独创性地将碳汇纳入 ETS 中，是交易最为活跃的市场之一。北美地区最早通过碳交易市场来解决温室气体排放问题的是美国，区域温室气体倡议（The Regional Greenhouse Gas Initiative，简称 RGGI）于 2009 年建立，美国的加利福尼亚州和加拿大的魁北克省碳排放权交易体系于 2013 年建立，加拿大安大略省碳排放权交易体系于 2017 年建立。在亚洲地区，日本和韩国建立的碳排放权交易体系则是主要代表，两者最大的不同是韩国建立的是全国性的碳排放权交易体系，并作为主要减排手段，而日本推行的是多项碳排放权交易体系，东京和埼玉的碳排放权交易体系只作为区域性的、辅助性的减排机制。下面将重点介绍欧盟和中国的碳排放权交易实践情况。

一 欧盟碳排放权交易制度设计

欧洲地区代表性碳排放权交易体系就是 EU ETS。在《京都议定书》之后，欧盟将减排行动付诸实践，致力于成为应对气候变化的领导者，持续推动全球减排行动。为此，自 2000 年起，欧盟制定了一系列气候变化相关的政策与法令，如《欧盟气候变化方案》（ECCP Ⅰ）、欧盟气候与能源一揽子计划、EC 指令与条例等，为碳排放权交易体系的建立与实施奠定了良好的法律基础与制度框架。同时，欧盟还制定一系列减排目标，以确保碳减排力度。2007 年，欧盟宣布其碳减排目标是：到 2020 年，温室气体排放较 1990 年水平降低 20%；到 2030 年，至少比 1990 年的温室气体水平降低 40%；到 2050 年，比 1990 年的温室气体水平降低 80% ~ 95%。

作为发达经济体，欧盟的温室气体主要来自于能源消耗。在 EU ETS 建立之前，部分欧盟成员国已对煤炭、天然气、汽油、柴油等能源征收税金，即碳税。最早实施碳税的是以丹麦、荷兰为代表的北欧国家，到 20 世纪末，这些国家基本上已构建了较为完备的碳税制度。英国于 2002 年建立了碳排放权交易市场并进行试运行，这是世界上首个国家层面的碳排放权交易体系。北欧国家的碳税和英国碳排放权交易体系的建立为 EU ETS 提供了宝贵的市场经验。

2005 年初，欧盟建立全球第一个跨国家、跨区域的碳排放权交易体系，即 EU ETS，这也是全球控制温室气体排放规模最大的碳排放权交易体系。EU ETS 采用的是总量控制与交易机制。为获取经验，保证实施过程的可控性，欧盟碳排放权交易体系的实施方式是循序渐进、逐步推进的。目前已进入第四阶段。

第一阶段为试验阶段，自 2005 年 1 月 1 日至 2007 年 12 月 31 日。此阶段的主要目的并不在于实现温室气体的大幅减排，而是获得运行总量控制与交易机制的经验，为后续阶段正式履行《京都议定书》奠定基础。在选择所交易的温室气体方面，第一阶段仅涉及对气候变化影响最大的二氧化碳的排放权的交易，而不是全部包括《京都议定书》提出的六种温室气体。

第二阶段为体系过渡期，自 2008 年 1 月 1 日至 2012 年 12 月 31 日，时间跨度与《京都议定书》首次承诺时间保持一致。此阶段 EU ETS 的市场交易量快速增长，在全球碳排放权交易中的比重由 2005 年的 45% 增加至 2011 年的 76%，借助所设计的排放权交易体系，欧盟正式履行对《京都议定书》的承诺。

第三阶段是发展阶段，自 2013 年 1 月 1 日至 2020 年 12 月 31 日。在此阶段内，排放总量以每年 1.74% 的速度下降，以确保 2020 年温室气体排放要比 1990 年至少低 20%。

第四阶段是自 2021 年 1 月 1 日至 2030 年 12 月 31 日，其重要特征是实施更有针对性的碳泄漏规则。对于风险较小的行业，预计 2026 年后将逐步取消免费分配，从第四阶段结束时的最高 30% 逐步取消至零，同时，将为密集型工业部门和电力部门建立低碳融资基金。

（一）覆盖范围

EU ETS 的覆盖范围自建立以来在不断扩大，至今已逐渐稳定，目前已涵盖了 31 个国家的约 11 000 个发电站、制造工厂和其他固定设施以及航空活动，第四阶段的行业范围预期将不会发生改变，各阶段的覆盖范围详见表 3-1。

表 3-1　EU ETS 覆盖范围

时间	覆盖国家	覆盖行业	覆盖温室气体
第一阶段（2005—2007）	25 个成员国	能源产业、内燃机功率在 20MW 以上的企业、石油冶炼业、钢铁行业、水泥行业、玻璃行业、陶瓷以及造纸业等	CO_2
第二阶段（2008—2012）	27 个成员国以及冰岛、列支敦士登和挪威	发电、工业（炼油厂、焦炭烘炉、炼钢厂）以及制造业（水泥、玻璃、陶瓷、造纸等），新增部分航空业[①]	CO_2 和部分国家生产硝酸产生的 N_2O
第三阶段（2013—2020）	28 个成员国以及冰岛、列支敦士登和挪威	扩大航空业范围[②]，并从原先的发电、工业、制造业、航空业，扩增了碳捕获、碳封存、有色金属和黑色金属的生产等	CO_2、N_2O 和 PFCs

数据来源：ICAP（2019），欧洲委员会（2018），洪鸳肖（2018），易碳家 http://m. tanpaifang.com/article/93601. html。

---

① 2012 年，年排放超过 10 000 t CO_2 的国际商务航班被纳入，其中仅包含往返于欧洲经济区（EEA）之间的航班。

② 2013 年，年排放超过 1 000 t CO_2 的非商业航班被纳入。

（二）配额总量

EU ETS 采用的是总量控制与交易机制，旨在通过控制排放总量来达到减排效果。欧盟的总配额是由每个欧盟成员国的国家分配计划自下而上确定的。在第一阶段和第二阶段，各成员国对排放量具有较大的自主权，随后逐步趋严。第一阶段，2005 年设定欧盟碳排放配额的总量为每年固定 $20.96GtCO_2e$；2009 年第二阶段削减至 $20.49GtCO_2e$，以缓解碳配额供过于求的局面；第三、四阶段中，欧盟碳配额限额总量分别按照每年 1.74% 和 2.2% 的比例加速削减。2013 年约为 $2\,084MtCO_2e$，2019 年约为 $1\,855MtCO_2e$，覆盖了40% 欧盟碳排放总量，第三阶段碳配额总量限额详见表 3-2。

表 3-2　EU ETS 2013—2020 年总量限额

年份	总量限额（固定源）／吨
2013	2 084 301 856
2014	2 046 037 610
2015	2 007 773 364
2016	1 969 509 118
2017	1 931 244 873
2018	1 892 980 627
2019	1 854 716 381
2020	1 816 452 135

数据来源：欧洲委员会（2018）。

（三）配额分配

关于配额分配，EU ETS 以免费分配为主、拍卖为辅。但是，随着距离减排目标年份越来越近，免费分配的比例在逐年下降，从第一阶段的 95% 以上免费降低到目前的 50%，以帮助欧盟有效兑现其碳减排承诺。

第一阶段（2005—2007），欧盟成员国各自通过建立分配计划进行分配，至少 95% 的配额是免费发放的，主要采用历史排放法来分配免费配额。仅有匈牙利、爱尔兰和立陶宛采用了拍卖的方式。

第二阶段（2008—2012），与第一阶段类似，约 90% 的配额为免费分配。其中的八个成员国（德国、英国、荷兰、奥地利、爱尔兰、匈牙利、捷克和立陶宛），采用免费分配和拍卖相结合的分配方式，约占总配额的 3%。

第三阶段（2013—2020），57% 的配额采用拍卖方式分配，剩余的配额可用于免费分配。免费分配的规则不同于第一阶段和第二阶段，而是采用"行业基准线法"分配免费配额，这种方法将整个行业中碳排放较少的领先企业作为核算基准，为行业减排树立了明确的标杆。各受控设施免费获得的额度等于其过去三年的平均产品产量，乘以欧盟境内排名前10%的（同类）单位产品碳排放强度基准，超出该基准的部分则需要通过拍卖获得。同时，EU ETS为新进入者储备预留了3亿单位的配额，用于资助通过NER 300计划[①]部署的可再生能源创新技术、碳捕获与封存。

第四阶段（2021—2030），EU ETS将确保日益减少的配额能够以最有效及高效的方式进行分配。同时进行以下调整：①在阶段内确保对标系数将进行两次更新，以正确反映不同行业的技术进步情况；②每年更新免费分配，以反映生产技术的持续变化（如果变化比初始水平高出15%，则以两年的滚动平均值为基础）；③碳泄漏规则将更加健全，减少被归类为存在碳泄漏风险的行业的数量，并且到2030年将停止对其他行业的免费分配（区域供热除外）；④提供"自由分配缓冲余额"，即超过4.5亿美元的配额用于拍卖。当最初的自由分配使用完后，启用该机制，具体的分配比例详见图3-2。

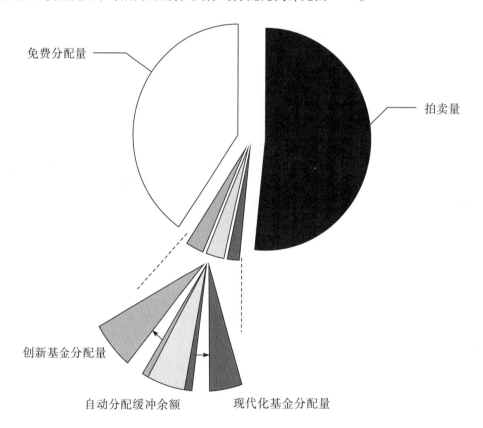

图3-2　EU ETS第四阶段的限额总量构成

数据来源：欧洲委员会（2018）。

---

① NER 300计划是一项资助计划，汇集约20亿欧元用于资助创新低碳技术的发展，重点用于推广欧盟范围环境安全型技术的商业化发展，包括碳捕获与封存（CCS）和创新可再生能源技术。

此外，根据不同行业的性质，EU ETS 在配额分配方式及比例上也进行差异化处理，如电力行业自 2013 年起 100% 采用拍卖方式；航空业在 2012 年根据基准免费分配 85% 的配额，而在第三阶段，欧盟根据基准免费分配了 82% 的配额，拍卖了 15% 的配额，剩下的 3% 是为新进入者和快速发展的航空公司所预留的储备。

（四）　抵消机制

抵消机制的设置有助于扩大碳配额的供应量，同时大幅降低碳排放权交易体系的履约成本。EU ETS 的参与者可以使用来自《京都议定书》中由联合履行机制和清洁发展机制所产生的国际碳信用。但欧盟碳排放权交易体系对参与者使用碳信用时有许多定性和定量的标准：在定性标准上，不接受核电、植树造林和再造林项目产生的碳信用；2012 年以后注册的新项目必须是在最不发达国家；固定装置和飞机运营商使用碳信用也有限额等；在定量标准上，每一阶段存在较大差异，具体如下。

第一阶段（2005—2007），JI 和 CDM 产生的碳信用可无限制地使用，但在实际情况中，第一阶段没有使用任何碳信用。

第二阶段（2008—2012），允许使用大多数种类 JI 和 CDM 项目所产生的碳信用，而土地利用变更、森林、核电行业均不授以信用。超过 20 兆瓦的大型水电项目也有严格的要求。参与者可以有限使用 JI 和 CDM 信用额度，最高不得超过相应国家/地区的分配计划中确定的百分比限制。未使用的碳信用可转入第三阶段。

第三阶段（2013—2020），新产生的（2012 年后）国际信用额只能用于来自最不发达国家的项目。来自其他国家的 JI 和 CDM 项目的信用额只有在 2012 年 12 月 31 日之前注册并实施的才能使用。不考虑任何来自工业气体碳信用的项目（涉及破坏 HFC – 23 和 N_2O 的项目）。2015 年 3 月 31 日之后，不再接受在《京都议定书》第一个承诺期内产生的减排信用。欧盟碳排放权交易市场从第三阶段开始严格限制使用 CER 和 ERU，避免了抵消信用供过于求对碳市场的冲击。

第四阶段（2021—2030），不允许将国际信用用于抵消。

（五）　灵活性措施

灵活性措施包括配额是否可以被跨期储存或者预借、履约周期的长短等方面，灵活性越高，大幅度减排的成本可能越高，管理成本也会随之增加。

EU ETS 在初期设计时考虑到包容性，充分与国际接轨，但在第一阶段，过期的配额会作废，导致该阶段价格波动严重。因此，自 2008 年起，EU ETS 允许企业不受限制地进行配额存储（banking），但不可借用未来期间配额。配额存储允许企业对配额进行跨期配置，以降低价格波动的影响。EU ETS 通过在不同阶段的政策调整，以确保交易机制能够灵活适应市场发展。

为协助企业应对减排的额外成本，EU ETS 还建立了适当的缓冲机制。对于电网建设较为落后或能源结构较为单一且经济较不发达的 10 个成员国，欧盟允许其在第三阶段的电力部门配额可以逐渐过渡到拍卖，2013 年时可以获得最多 70% 的免费配额，但比例必须逐年递减，到 2020 年时需要全部通过拍卖获得。

同时，为了稳定市场，通常会采取调整配额储备数量或者设置价格上下限的措施。配额储备能够在控制成本和监管价格的同时限制温室气体排放，而在配额拍卖中引入最低价格机制有助于保证碳排放交易体系参与者和抵消项目的提供者在减排领域所做投资的价值。EU ETS 所建立的市场稳定储备（Market Stability Reserve，简称 MSR）于 2019 年 1 月开始运营，旨在消除现有补贴盈余的负面影响，并提高系统对未来冲击的抵御能力。如果流通配额总数高于 8.33 亿吨，则配额将被放入 MSR 中；如果流通配额数量低于 4 亿吨，则将被重新投入市场。预计在 2019 年至 2023 年期间，放入 MSR 池额度将从配额盈余的 12% 提高至 24%。

（六）交易主体

欧盟碳排放权交易所主要有：欧洲气候交易所（European Climate Exchange，简称 ECX）、欧洲能源交易所（European Energy Exchange，简称 EEX）。其参与的交易主体，包括欧盟委员会等监管机构，以及履约企业、中介与交易商、减排项目开发者等。主要参与者不仅包括控排企业，还有商业银行、投资银行、私人资本公司等金融机构及投资者（包括个人）。另外，碳金融的发展也催生了相关服务机构，如碳交易服务咨询公司、信用评级公司、信息服务机构等。服务机构对降低交易成本、促进信息融通、提高履约效率有积极意义。EU ETS 中主要的交易主体及参与方式如表 3 - 3 所示。

表 3 - 3　EU ETS 中的主要交易主体与参与方式

交易主体	参与方式
控排企业	除获得配额、参与拍卖以外，EU ETS 履约企业可以直接与系统中的其他公司进行交易，通过中介机构购买或出售配额，或通过碳排放权交易所进入二级碳市场，以购买配额等
中介机构	中介机构如银行、政府主导的碳基金、私募股权投资基金等投资者，可注册参与交易，也可代表规模较小的控排企业或排放者进行履约
个人投资者	原则上，任何个人都可以在碳市场上进行交易，但因个人没有履约义务，只能用于配额交易

数据来源：欧盟委员会。

二　中国碳排放权交易制度设计

面对全球气候变暖，中国政府积极应对气候变化问题。2011 年 10 月，国家发展改革委办公厅印发《关于开展碳排放权交易试点工作的通知》，明确在北京、天津、上海、重庆、湖北、广东以及深圳五市二省正式开展碳排放权交易试点，正式启动我国碳排放权交易试点工作。2013 年是我国碳排放权交易启动元年，广东、北京、上海、深圳和天津五个省市率先启动碳排放权交易；2014 年，湖北、重庆碳排放权交易市场相继开市，至此全国七个试点已全部启动交易。2016 年 4 月，四川联合环境交易所获国家发展改革委备案，成为第八家碳市场交易机构，但交易标的没有碳排放配额，只有 CCER。之后，福建省作为第九个试点省份纳入碳排放权交易市场。各个试点根据各省的实际情况，在碳排放权交易机制方面积极创新，形成了九个试点各具特色的碳排放权交易市场体系，包括覆盖行业、配额分配制度、交易制度、履约制度以及减排量开发等方面。

受益于各试点在碳市场建设方面的先行先试，中国国家碳排放权交易市场的建设稳步推进。2017 年 12 月，经国务院同意，国家发展改革委印发了《全国碳排放权交易市场建设方案（电力行业）》。这标志着中国碳排放权交易体系完成了总体设计，并正式启动。2020 年底，生态环境部出台《碳排放权交易管理办法（试行）》，印发《2019—2020 年全国碳排放权交易配额总量设定与分配实施方案（发电行业）》，正式启动全国碳市场第一个履约周期。全国统一的碳排放权交易市场的交易中心设在上海，登记中心设在武汉，同时其他试点的地方碳排放权交易市场继续运营。2021 年 7 月 16 日，全国碳排放权交易市场启动上线交易。发电行业成为首个纳入全国碳排放权交易市场的行业，纳入重点排放单位超过 2 000 家。我国碳市场将成为全球覆盖温室气体排放量规模最大的市场。截至 2022 年 12 月 22 日，全国碳排放权交易市场累计成交额突破 100 亿元大关。全国碳市场正式上线以来，共运行 350 个交易日，碳排放配额累计成交量 2.23 亿吨，累计成交额 101.21 亿元。

（一）覆盖范围

全国各试点省市碳排放权交易市场纳入碳排放权交易体系的行业数量存在较大差异，且随着时间的推移，纳入行业也在发生变化，纳入的门槛也在变化。整体来说，行业在不断增加，纳入的标准在不断降低。在碳排放权交易开展初期，是选取高碳排放且较为集中的行业，在保证初始配额市场流动性的前提下，给其他即将纳入控排体系的行业一个准备和缓冲的阶段，提供吸取教训、积累经验的机会，从而能够在最大程度上保证碳排放权交易的有效推进，实现碳排放权交易常态化平稳过渡。如果产业结构中高排放的行业占比偏小，则考虑纳入较多的子行业，如北京纳入碳排放权交易体系的行业最多，达到 39 个子行业，上海和深圳涉的行业数量也较多，行业范围较为分散。需要说明的是，在全国碳排放权交易市场正式交易之后，各试点的发电行业企业统一纳入全国碳排放权交易市场（如果其他行业的企业存在自备电厂的，视同发电行业处理），其余行业的企业仍在各试点进行交易。详见表 3 - 4。

表 3 - 4 2021 年全国及各试点碳市场的行业覆盖范围和纳入标准

碳市场	行业覆盖范围	纳入标准
全国	发电行业（含其他行业的自备电厂）	年排放量达 2.6 万吨二氧化碳当量（综合能源消费量约 1 万吨标准煤）
广东	钢铁、石化、水泥、造纸、民航共 5 个行业	年排放 2 万吨二氧化碳（或年综合能源消费量 1 吨标准煤）及以上的企业
深圳	供电、供水、供气、公交、地铁、危险废物处理、污泥处理、污水处理、平板显示、港口码头、计算机、通信及电子设备制造等制造业和其他行业	年排放 3 000 吨二氧化碳当量
北京	热力生产、其他服务业、交通运输业、其他发电企业、石化生产企业、航空运输业等	北京市行政区域内，其固定设施和移动设施年二氧化碳直接与间接排放总量 5 000 吨（含）以上
上海	钢铁、石化、化工、有色、建材、纺织、造纸、橡胶、化纤等工业行业；航空、港口、机场、铁路、商业、宾馆、金融等非工业行业	工业企业：年排放 2 万吨二氧化碳及以上；非工业企业：年排放 1 万吨二氧化碳及以上
天津	钢铁、化工、热力、石化、油气开采等重点排放行业	年排放二氧化碳 2 万吨以上的企业或单位
湖北	热力及热电联产、钢铁、水泥、化工等 16 个行业	年综合能耗 1 万吨标准煤及以上的工业企业
重庆	电解铝、铁合金、电石、烧碱、水泥、钢铁等高耗能行业	年排放二氧化碳 2 万吨当量以上的企业或单位
福建	钢铁、化工、石化、有色、民航、建材、造纸、陶瓷等行业	年综合能源消费总量达 5 000 吨标准煤以上（含）的企业法人单位或独立核算单位

注：四川联合环境交易所目前只开展了 CCER 交易，没有开展碳配额交易，故没有相关数据；广东从 2022 年开始，纳入标准调整为年排放量 1 万吨（或年综合能源消费量 5 000 吨标准煤）及以上，并增加陶瓷、纺织、数据中心等新行业覆盖范围。

数据来源：根据公开资料整理。

（二）配额总量

配额作为可交易、可抵押的资产，配额总量的设定与分配的松紧程度直接决定碳排放权配额的供需关系及碳排放权交易市场的稳定。由于各试点碳市场经济总量、产业结构和纳入行业的差异，各地的配额总量之间的差距较大。且随着应对气候变化目标、单位生产总值二氧化碳排放下降目标、经济增长趋势、产业发展政策、行业减排潜力、历史配额供需情况等因素的变化，各碳排放权交易市场的碳配额总量每年都会有所不同。2021 年全国和各试点碳排放权交易市场的配额总量情况详见表 3-5。

在配额结构方面，各碳排放权交易市场设置情况大体相似。一般而言，配额分为控排企业（纳入碳排放权交易体系的企业）配额和储备配额，控排企业配额是通过有偿或者免费方式发给企业的配额，储备配额是政府给新增设施、新进入者以及调整市场价格等预留的配额，主要用途是防止市场冲击。就储备配额具体分配而言，各试点地区有一定的差异。另外，即使是在同一试点地区，不同行业的配额构成也有所差异。

表 3-5 各碳市场配额总量设定

碳市场	配额总量设定
全国	省级生态环境主管部门根据本行政区域内重点排放单位 2019—2020 年的实际产出量以及本方案确定的配额分配方法及碳排放基准值，核定各重点排放单位的配额数量；将核定后的本行政区域内各重点排放单位配额数量进行加总，形成省级行政区域配额总量；将各省级行政区域配额总量加总，最终确定全国配额总量
广东	2021 年度纳入企业的配额总量为 2.65 亿吨，其中，控排企业配额 2.52 亿吨，储备配额 0.13 亿吨，储备配额包括新建项目企业有偿配额和市场调节配额
深圳	2021 年深圳市碳排放权交易体系年度配额总量为 2 500 万吨
北京	北京市生态环境局将按照《北京市企业（单位）配额核定方法》核算 2021 年度配额
上海	2021 年度碳排放交易体系配额总量为 1.09 亿吨（含直接发放配额和储备配额）
天津	2021 年度碳排放配额总量为 0.75 亿吨，其中政府预留配额比例为 6%
湖北	2021 年度纳入企业碳排放配额总量为 1.82 亿吨；配额结构为：碳排放配额总量包括年度初始配额、新增预留配额和政府预留配额
重庆	根据重庆市温室气体排放控制要求，综合考虑经济增长、产业结构调整、能源结构优化、大气污染物排放协同控制等因素确定年度配额总量。2021 年度配额总量由重点排放单位配额和政府预留配额两部分组成；政府预留配额为配额总量的 5%，用于市场灵活调节，主要通过拍卖等方式向市场投放
福建	根据福建省单位生产总值二氧化碳排放下降目标，结合经济增长、行业基准水平、产业转型升级、减排潜力和重点排放单位历史排放水平等因素确定年度配额总量；配额总量由既有项目配额、新增项目配额和市场调节配额三部分构成，其中市场调节配额为既有项目配额与新增项目配额之和的 5%，用于市场灵活调节

注：全国碳排放权交易市场于 2021 年 7 月 6 日开始交易。

数据来源：根据公开资料整理。

（三） 各市场配额的发放方式和分配方法

配额的发放方式与分配方法与碳排放权交易市场的效率息息相关，一度被视为碳排放权交易的核心机制。各碳市场主管部门根据该地区行业发展规划、控制温室气体排放总体目标、国家产业政策、经济增长趋势等因素设定本区域碳排放配额分配方案。目前我国各碳市场的配额分配方式主要有免费分配和有偿分配两种。免费分配即主管部门将配额免费配置给控排企业；有偿分配即主管部门要求企业通过拍卖竞价或者固定价格出售的方式获得碳排放权配额。现阶段，我国各碳市场针对配额的发放方式形成了两种做法，一种是碳排放配额实行全部免费发放，如全国、北京、重庆、福建；另一种将免费与有偿发放相结合，如广东、深圳和天津等。广东是全国首个也是唯一一个持续开展配额有偿分配的区域碳市场，自试点成立之初便开展配额有偿分配，并分行业确定有偿分配比例，且有偿分配采用的是竞价方式。

根据我国实际国情和不同行业发展情况，各碳市场的配额免费分配方法主要有两种，即基准分配法和历史分配法。基准分配法是以控排企业的产能或产量的有关数据为基数乘以一个排放率标准来决定配额；历史分配法是基于控排企业的历史排放数据水平进行配额分配。除重庆碳市场外，其他各交易试点均在其碳排放权交易管理办法中提到以拍卖或有偿出售的形式进行配额分配，并规定了各自区域的配额来源及比例、竞买时间、竞买底价、竞买参与人和限制条件等。其中，广东碳市场自开市起便使用免费发放和有偿分配结合的方式，属于以免费分配为主的渐进混合模式，拍卖配额来源于企业应获得的配额，具体有偿配额的数量和发放次数由主管部门在履约年度初期进行规划，而以湖北、深圳和上海为代表的拍卖标的来源于政府预留配额，而非企业分配配额，具体发放时间及数量根据主管部门对市场调节的需求不定时进行配额有偿分配。各碳市场的配额发放方式和分配方法详见表3-6。

表3-6　各碳市场配额发放方式与分配方法

碳市场	配额发放方式与分配方法
全国	发放方式：全部免费分配 分配方法：采用基准法核算重点排放单位所拥有机组的配额量，重点排放单位的配额量为其所拥有各类机组配额量的总和
广东	发放方式：2021年度配额实行部分免费发放和部分有偿发放，其中，钢铁、石化、水泥、造纸控排企业免费配额比例为96%，航空控排企业免费配额比例为100%，新建项目企业有偿配额比例为6% 分配方法：2021年度企业配额分配主要采用基准线法、历史强度下降法和历史排放法

（续上表）

碳市场	配额发放方式与分配方法
深圳	发放方式：2021 年度配额发放采取免费为主、有偿为辅的方式；管控行业 2021 年度碳排放配额总体实施 97% 无偿分配、3% 有偿分配（以拍卖方式出售），其中供电、供水、供气、公交、地铁市政服务类行业暂不开展有偿分配 分配方法：2021 年度碳排放管控单位配额分配采用基准强度法和历史强度法
北京	发放方式：全部免费发放，分两次发放。一是配额预发。对按要求完成上一年度履约工作的重点碳排放单位，按照上年度核定配额或活动水平的 70% 预发，新增重点排放单位不进行配额预发。二是排放量核定及配额调整核发。根据重点碳排放单位 2021 年度实际活动水平及配额申请材料核定各单位的排放量、核算最终配额。预发配额低于最终核定配额的补发剩余配额；预发配额多于最终核定配额的进行配额核减，重点碳排放单位须配合核减工作 分配方法：电力生产业、热力生产和供应业、水泥制造业、数据中心等行业按基准法核发配额，本年度不调整上述行业基准值；其他发电（抽水蓄能）、电力供应（电网）两个细分行业配额核定方法由历史强度法调整为基准法
上海	发放方式：免费为主，有偿为辅，且有偿发放配额采用不定期竞价发放的形式 分配方法：对于采用历史排放法分配配额的纳管企业，2021 年度直接将配额一次性免费发放至其配额账户。对于采用行业基准线法或历史强度法分配配额的纳管企业，先按照 2020 年产量、业务量等生产经营数据的 80% 确定 2021 年度直接发放的预配额并免费发放，待 2022 年清缴期前，根据其 2021 年度实际经营数据对配额进行调整，对预配额和调整后配额的差额部分予以收回或补足
天津	发放方式：以免费发放为主、以拍卖或固定价格出售等有偿发放为辅。2021 年度免费配额分两次发放：第一批次配额按照纳入企业 2020 年度履约排放量的 50% 确定；第二批次配额待 2021 年度碳核查工作结束后，根据碳核查结果，综合考虑第一批次配额发放量等，多退少补进行核发 分配方法：配额分配采用历史强度法和历史排放法
湖北	发放方式：2021 年配额实行免费分配 分配方法：不同企业根据各自碳排放数据质量采用标杆法、历史强度法、历史法中的一种进行配额分配
重庆	发放方式：免费为主，有偿为辅（政府拍卖） 分配方法：对不同行业的重点排放单位采用基准线法、历史强度下降法、历史总量下降法和其他分配方法中的一种或组合的方法进行配额分配
福建	发放方式：免费分配为主，必要时市场调节配额通过拍卖等方式向市场投放 分配方法：2021 年度企业配额分配采用基准线法和历史强度法

（四）抵消机制

所有碳市场在履约时都可采用核证自愿减排量充当配额以抵消实际排放量，可使用的核证自愿减排量一般包括 CCER 和各试点碳市场开发的减排量，如广东的碳普惠核证自愿减排量（PHCER）、福建的林业碳汇减排量（FFCER）等。不过，各试点在采用核证自愿减排量进行抵消时，均有一定的限制，包括限制可抵消的比例，可使用 CCER 的项目类型、产生时间、产生项目属地等。此外，试点碳市场为鼓励当地范围内的减排项目，会优先考虑当地项目产生的减排量，或者对当地的区域级核证自愿减排量降低限制比例等。

在碳排放权交易市场初期，核证自愿减排量的价格大大低于碳配额的价格，将核证自愿减排量作为抵消机制纳入碳排放权交易市场，可以降低碳排放权交易市场覆盖企业的履约成本、能够促进更多低成本减排途径的使用；同时也可以作为市场价格调节的一种柔性机制，避免政府直接干预市场的不良影响；还可以激励碳排放权交易体系未覆盖的企业积极进行减排，降低社会总减排成本等。各碳市场的抵消机制设置情况如表 3 - 7 所示。

表 3 - 7　2021 年度各碳市场抵消机制设置情况

碳市场	抵消机制
全国	重点排放单位每年可以使用国家核证自愿减排量抵消碳排放配额的清缴，抵消比例不得超过应清缴碳排放配额的 5%。相关规定由生态环境部另行制定。但用于抵消的国家核证自愿减排量，不得来自纳入全国碳排放权交易市场配额管理的减排项目
广东	控排企业和单位可使用 CCER 抵消上年度实际碳排放量的 10%。另外还应当满足以下条件：①二氧化碳或甲烷气体的减排量占项目温室气体减排总量的 50% 以上；②非水电项目、化石能源的发电、供热和余能利用项目；③非来自在联合国清洁发展机制执行理事会注册前就已经产生减排量的清洁发展机制项目；④来自广东的自愿减排项目需占比至少 70% 2021 年度可用于抵消的 CCER 和 PHCER 总量原则上控制在 100 万吨以内，首先优先消纳本省 CCER 和 PHCER，然后按照企业书面申请先后顺序允许用以抵消
深圳	使用 CCER 抵消的碳排放量不超过年度碳排放量的 10%，减排量项目无时间限制，但应当满足的条件有：①项目仅限于：风电、光伏、垃圾焚烧发电、农村户用沼气和生物质发电项目；清洁交通减排项目；海洋固碳减排项目；林业碳汇项目；农业减排项目。②风电、光伏、垃圾焚烧发电项目指定地区：广东（部分地区）、新疆、西藏、青海、宁夏、内蒙古、甘肃、陕西、安徽、江西、湖南、四川、贵州、广西、云南、福建、海南等省（自治区）。③全国范围内的林业碳汇项目、农业减排项目。④其余项目类型需来自深圳市和与深圳市签署碳交易区域战略合作协议的省份和地区

（续上表）

碳市场	抵消机制
北京	重点排放单位可使用的经审定的碳减排量包括核证自愿减量、节能项目碳减排量、林业碳汇项目碳减排量。重点排放单位用于抵消的经审定的碳减排总量不得高于其当年核发碳排放配额量的5%。另外，应满足如下条件：①京外项目产生的核证自愿减排量不得超过其当年核发配额量的2.5%，优先使用河北省、天津市等与本市签署应对气候变化、生态建设、大气污染治理等相关合作协议地区的核证自愿减排量；②非水电项目及来自减排氢氟碳化物（HFCs）、全氟碳化物（PFCs）、氧化亚氮（N_2O）、六氟化硫（SF_6）气体的项目的减排量；③非来自本市行政辖区内重点排放单位固定设施的减排量；④林业碳汇项目减排量需来自2005年2月16日以来的无林地碳汇造林项目和2005年2月16日之后开始实施的森林经营碳汇项目；⑤其余项目来自2013年1月1日后实际产生的减排量
上海	CCER履约抵消比例不超过审定的年度碳排放量的3%。另外，应满足以下条件：①其中长三角以外CCER项目使用比例不超过年度碳排放量的2%；②非水电项目；③2013年1月1日后实际产生的减排量
天津	企业可以使用CCER和天津林业碳汇项目减排量以及其他经市生态环境主管部门备案的其他项目减排量抵消二氧化碳排放，用于抵消的核证自愿减排量不得超过当年实际排放量的10%，且至少70%来自本市自愿减排项目。另外，应当符合的条件还有：①非来自控排企业边界范围内的减排量；②非来自其他碳排放权交易试点地区或福建省的CCER；③仅来自二氧化碳、甲烷气体项目，且不包括来自水电项目的减排量；④优先使用河北省或与本市签署合作协议地区或国家重点扶贫地区的CCER；⑤2013年1月1日后产生的减排量
湖北	企业可使用CCER抵消其部分碳排放量，抵消比例不超过该企业年度碳配额的10%。另外，还应当满足的条件有：①湖北省内控排企业边界外项目；②与本省签署战略碳市场合作协议的省市，抵消量不高于5万吨；③非大、中型水电类项目；④已在国家发展改革委备案项目减排量100%抵消，未备案项目减排量60%抵消；⑤2013年1月1日后产生的减排量
重庆	纳入配额管理的单位可抵消其审定排放量的8%。另外，还应当满足以下条件：①项目内容限定于：节约能源和提高能效项目；清洁能源和非水可再生能源项目；碳汇项目；能源活动、工业生产过程、农业、废弃物处理等领域减排项目。②2010年12月31日后实际投入运行的减排项目（碳汇项目不受限）
福建	纳入控排的企业可使用自愿减排量抵消当年经确认的排放量的10%。另外，还需满足以下条件：①非水电项目产生的减排量。②仅来自二氧化碳、甲烷气体的项目减排量。③在本省行政区内产生，且来自非重点排放单位的减排量。④FFCCER项目业主应具备法人资格；参照发改委或省碳交办林业碳汇方法学开发；2005年2月16日以后开工建设的

数据来源："碳排放管理师"网站新闻（http://tanguanli.org.cn/tanshixinwen/）。

（五）配额调整与回收机制

由于控排主体的生产计划和产能水平是不断变化的，各试点地区也对配额发放的数量调整作了相应规定，特别是企业改制、改组、兼并和分立、新建、改扩建等情况，均会导致企业配额的调整。一般情况下，对于企业生产经营发生重大变化的，各碳市场均会对企业的配额重新进行核定，对于企业治理结构发生变化的，如合并或者分立，主管部门均明确规定了各自的权属关系，如配额和履约义务的继承。详见表3-8。

表3-8　各碳市场配额调整机制

碳市场	配额调整机制
全国	对未按时足额清缴2019—2020年度碳排放配额的重点排放单位，省级生态环境主管部门应在2021、2022年度配额预分配时，核减其2019—2020年度配额欠缴量。对执法检查中发现问题并需调整2019—2020年度碳排放核算结果的，以及存在其他需要调整2019—2020年度配额情形的重点排放单位，省级生态环境主管部门应重新核算其2019—2020年度的排放量、应清缴配额量、应发放配额量，计算相应的配额调整量，并在2021、2022年度配额预分配时予以等量调整（调整流程同预分配） 考虑到2021、2022年实测机组比例变化、电源结构优化、技术进步等不确定因素，如2021、2022年碳排放基准值与实际排放强度水平严重不匹配，进而导致2021、2022年度配额分配实际情况与预期配额盈缺目标出现较大偏差时，在必要的情况下拟在后续年度配额分配中对2021、2022年度的配额分配结果予以调节
广东	企业停业停产或者生产经营发生重大变化时，应当向省主管部门提交配额变更申请材料，重新核定配额
湖北	企业新增设施引起产能变化或者企业合并、分立、重组等变更行为的配额分配规定，相关企业须在发生变化、变更的30日内，向主管部门申请，并重新核定碳排放配额
上海	配额方案公布前，已解散、关停或迁出本市的企业不再进行碳排放配额管理；配额分配方案公布后，企业生产经营发生重大变化、核算边界无法确定的，不对其发放配额，对于已发放的配额，予以收回
深圳	控排企业涉及合并的，其配额及权利义务由合并后存续的单位或者新设立的单位承担 涉及分立的，应制定合理的配额和履约义务分割方案，并报主管部门备案；未制定分割方案或者未按时报备的，原单位的履约义务由分立后的单位共同承担
天津	控排企业涉及合并的，其配额及权利义务由合并后存续的单位或者新设立的单位承担 涉及分立的，应制定合理的配额和履约义务分割方案，并报主管部门备案；未制定分割方案或者未按时报备的，原单位的履约义务由分立后的单位共同承担

（续上表）

碳市场	配额调整机制
北京	由于改制、改组、兼并和分立，新建、改扩建等原因，导致本年度二氧化碳排放量相对上年度变动达到 5 000 吨或 20% 以上的情况，应在一周内向主管部门书面申请配额变更
重庆	控排企业与控排企业合并的，由合并后存续或新设企业继受配额，并负有履约义务 控排企业与非控排企业合并的，由合并后存续企业继受配额，并进行履约，原非控排企业的碳排放不纳入配额管理范围 控排企业分立的，存续企业或新设企业继受配额，并进行履约
福建	增减设施、合并、分立或生产发生重大变化等原因导致碳排放量与年度碳排放初始配额相差 20% 以上的，应当向市主管部门报告并重新核查登记

注：因全国碳市场目前纳入的电力行业企业，在全国碳排放权交易市场正式开始交易之前，已在各试点市场交易，在配额方面存在试点碳市场与全国碳市场的协调问题。

数据来源：根据公开资料整理。

控排企业在经营过程中若出现解散、关停或者迁出等情况，一般不纳入相应试点地区的碳排放权管理，但可能会出现如下情况：①企业已经排放了一定量的二氧化碳，就有履约的义务；②大多数试点均会预发碳排放权配额，企业账户上的配额将显著高出其实际排放量。对此，各试点碳排放权交易市场都会要求企业根据实际已经发生排放量，清缴相应的碳排放权配额进行履约，对于剩余的配额，各试点碳排放权市场有不同的处理方式。如广东试点对于非正常月份的免费配额是予以收缴的，上海试点对于完成清缴义务后剩余的配额，政府只收回 50%，其余配额可自行出售或者注销。各试点碳市场的配额回收机制见表 3–9。

表 3–9 各碳市场配额回收机制

碳市场	企业解散、关停、迁出配额处理
全国	暂无
广东	省主管部门回收当年度非正常生产月份免费配额并予以注销，企业清缴后剩余配额企业可自行出售或注销
湖北	主管部门审定当年配额并回收剩余配额
上海	企业完成清缴义务后政府回收此后年度配额 50%
深圳	完成清缴后，剩余 50% 配额收回，其余由企业自行处理
天津	注销实际排放量后剩余全部上缴
北京	暂无

（续上表）

碳市场	企业解散、关停、迁出配额处理
重庆	配额管理单位发生排放设施转移或者关停等情形的，由主管部门组织审定其碳排放量后，无偿收回分配的剩余配额
福建	清缴当年度实际生产月份的碳排放量配额，并收回当年度剩余月份免费发放的配额，对于清缴后节余的配额，可自行决定在海峡股权交易中心出售或交由配额登记系统注销

数据来源：根据公开资料整理。

（六）各碳市场交易制度

完善的交易制度有助于提高二级市场的效率，增加碳排放配额的流动性，吸引更多投资者参与到碳排放权交易中，从而充分发挥碳排放权交易市场的作用。各碳市场的碳排放权交易制度基本是借鉴国内证券交易所、期货交易所的交易规则而设计完成，对碳排放权交易场所、交易参与主体、交易标的、交易方式、价格涨跌幅限制做出了详细的规定与说明。各碳市场碳排放权交易制度大体上相同，但在部分制度细节设计上各有特色，具体如下。

1. 交易场所

目前碳市场开展的碳排放权交易均为场内交易，规定只有一家交易所作为本地区的碳排放权交易场所。全国和各试点碳排放权交易所如下：全国碳排放权交易所（全国）、广州碳排放权交易中心（广东省）、深圳排放权交易所（深圳市）、北京绿色交易所（北京市）、上海环境能源交易所（上海市）、天津排放权交易所（天津市）、湖北碳排放权交易中心（湖北省）、重庆碳排放权交易中心（重庆市）、海峡股权交易中心（福建省）、四川联合环境交易所（四川省）。上述交易场所作为碳排放权的场内交易场所，为全国和各试点的碳排放权交易活动提供相关的交易系统、行情系统和通信系统等设施，以及信息发布、清算交割等相关服务。此外，各试点碳市场还推出了碳排放权配额的场外交易，交易双方可直接进行配额买卖磋商。目前场外交易是通过双方协议交易方式进行，并逐步开展场外挂牌交易。

2. 交易参与主体

在碳排放权交易体系中，交易参与主体的范围大小影响着碳排放权交易市场的流动性。各碳排放权交易市场，除了控排企业外，还允许符合条件的组织或个人参与碳排放权交易，但各碳市场规定的参与条件有所不同。一般而言，较低的进入门槛能使更多的组织机构参与碳排放权交易，意味着碳排放权交易市场的流动性会更大。

在交易参与主体类别方面，上海和福建目前仅将控排企业和符合条件的非控排企业纳入交易体系，而广东、深圳、北京、天津、湖北和重庆还纳入了机构投资者和个人投资者，但北京和天津的个人投资者进入门槛相对较高，要求金融资产不低于人民币 100 万元和 30 万元。对于非控排企业纳入碳排放权交易体系的条件，试点碳市场一般均要求非控排企业须依法设立，具有良好的商业信誉，近年无重大违法违规行为。目前仅北京、上海、天津和重庆对非控排企业的注册资本有硬性规定，重庆要求企业法人注册资本金不得低于人民币 100 万元、合伙企业及其他组织净资产不得低于人民币 50 万元，北京要求注册资本在人民币 300 万元以上，上海规定的注册资本下限为人民币 100 万元。具体见表 3 - 10。

表 3 - 10 各碳市场的参与主体与资本要求

碳市场	机构	个人	参与主体的资本要求
全国	√	√	—
广东	√	√	—
深圳	√	√	个人投资者门槛 3 000 元人民币（会费 + 年费）
北京	√	√	非履约机构要求注册资本最少 300 万元人民币，自然人要求金融资产不少于 100 万元人民币
上海	√		机构投资者注册资本不低于 100 万元人民币
天津	√	√	个人投资者金融资产不低于 30 万元人民币
湖北	√	√	个人市场参与者持碳量不得超过 100 万吨
重庆	√	√	企业法人注册资本金不得低于人民币 100 万元，合伙企业及其他组织净资产不得低于人民币 50 万元；个人金融资产在人民币 10 万元以上
福建	√		缴纳海峡股权交易中心要求的相关费用

注：全国碳排放权交易市场因正式开始交易时间尚短，目前实务中机构投资者和个人还未正式参与碳排放权交易。

数据来源：根据公开资料整理。

3. 交易标的

目前各碳市场开展的碳排放权交易的交易标的均以碳排放权配额为主。此外，各试点碳市场也预留了推出新交易标的的政策空间，如北京、广东、深圳、上海和重庆均在交易所规则里加入了交易标的还包括"经相关主管部门批准的其他交易品种"的规定，方便推出满足不同需求的交易品种，以增强碳排放权交易市场的流动性。各碳市场的交易标的见表 3 - 11。

表 3 - 11　各碳市场交易标的

碳市场	交易标的
全国	碳配额（CEA），生态环境部根据国家有关规定增加其他交易产品
广东	广东配额（GDEA）、CCER、PHCER，经交易主管部门批准的其他交易产品
深圳	深圳配额（SZA）、CCER，经主管部门批准的其他交易产品
北京	北京配额（BEA）、林业碳汇，经相关主管部门批准的其他交易产品
上海	上海配额（SHEA）、CCER，经市主管部门批准的其他交易产品
天津	天津配额（TJEA）、CCER
湖北	湖北配额（HEBA）、CCER，经主管部门认定的其他交易产品
重庆	重庆配额（CQEA），经国家和本市批准的其他交易产品
福建	福建配额（FJEA）、CCER、FFCER，碳现货中远期等福建省鼓励创新类碳排放权交易相关产品

数据来源：根据公开资料整理。

4. 交易方式

碳排放权交易市场的交易方式主要分为线上公开交易与协议转让交易两种。但试点碳排放权交易市场针对公开交易推出了众多交易方式，如广东碳排放权交易市场的公开交易方式有一级市场的有偿发放竞价交易、二级市场的挂牌点选交易及协议转让等。相对丰富的交易方式能满足投资者的不同需求，有利于增强碳排放权交易市场的流动性。有偿竞价、挂牌点选或者其他的竞价交易都是通过线上交易系统进行，而类似于协议转让的交易方式需交易双方先进行线下协商，然后再通过碳排放权交易所挂牌完成交易。

需要注意的是，各试点碳市场对于大宗交易或协议转让方式的交易有一定的标准。全国碳排放权交易市场要求挂牌协议交易应小于 10 万吨二氧化碳当量，而大宗协议交易单笔买卖最小申报数量应当不小于 10 万吨二氧化碳当量；广东、上海规定单笔交易超过 10 万吨必须采用协议转让方式；北京则规定单笔交易数量达到 1 万吨或者关联交易都必须采用协议转让方式；深圳规定单笔交易达到 1 万吨必须采用大宗交易方式；天津则要求单笔交易量超过 20 万吨时，交易者应当通过协议交易方式达成交易；湖北对定价转让不设限制，但规定单笔挂牌数量达到 1 万吨时可采用公开转让方式交易；重庆要求成交申报（类似协议转让）的数量为 1 万吨以上；福建规定采用协议转让的，单笔交易应当达到一定的数量，但具体数量尚未公布。各碳市场的交易方式见表 3 - 12。

表 3 – 12　各碳市场的交易方式

碳市场	交易方式
全国	挂牌协议转让、大宗协议交易、单向竞价，其他符合规定的方式
广东	挂牌点选交易、协议转让交易
深圳	电子竞价、定价点选交易、大宗交易
北京	公开交易（整体竞价、部分竞价、定价交易）、协议转让
上海	挂牌交易、协议转让
天津	拍卖交易、协议交易
湖北	挂牌交易、定价转让、协商议价
重庆	挂牌交易、协议交易（意向申报、成交申报、定价申报），符合国家和重庆市规定的其他交易方式
福建	挂牌点选、协议转让、单向竞价、定价转让

5. 价格涨跌幅限制

从某种程度来看，设置价格涨跌幅限制可能不利于企业根据自身需求进行及时买卖，这也是部分试点（如北京绿色交易所）在初期未对价格设置涨跌停板制度的原因之一。但由于碳排放权交易市场目前缺乏有效的风险对冲手段，不设置涨跌停板制度可能会导致参与交易的企业面临无法及时控制交易价格的风险，从而打压了部分企业参与交易的积极性。因此，从提高交易市场流动性的角度来看，设置价格涨跌幅限制有利于碳排放权交易初期阶段的顺利推进。

针对交易价格的涨跌幅限制，各碳排放权交易市场的规定存在较大差异。全国碳排放权交易市场设定挂牌协议转让为 ±10%、大宗协议交易为 ±30%；广东设定挂牌点选交易为 ±10%、协议转让交易为 ±30%；深圳设定定价点选交易为 ±10%，大宗交易为 ±30%，但采用电子竞价方式进行的交易不实行价格涨跌停限制；上海设定挂牌交易为 ±10%，对 50 万吨以内的协议转让设定 ±30% 的涨跌幅度，50 万吨以上的协议转让不设涨跌幅限制；北京设定公开交易方式的涨跌幅为当日基准价的 ±20%；湖北设定协商议价转让交易为 ±10%，定价转让交易为 ±30%；天津设定涨跌幅限制为 ±10%；重庆则规定定价申报方式价格涨跌幅为 ±10%，成交申报（类似协议转让）价格涨跌幅为 ±30%；福建规定挂牌点选的价格波动范围为 ±10%，协议转让的价格波动范围为 ±30%。具体见表 3 – 13。

表 3 – 13　各碳市场交易涨跌幅设置

碳市场	价格涨跌幅	
全国	挂牌协议：±10%	大宗协议：±30%
广东	挂牌点选：±10%	协议转让：±30%
深圳	定价点选：±10%	大宗交易：±30%
北京	公开交易：±20%	—
上海	挂牌交易：±10%	协议转让：≤50万吨±30%；＞50万吨不限
天津	拍卖交易：±10%	协议交易：±10%
湖北	协商议价转让：±10%	定价转让：±30%
重庆	定价申报：±10%	成交申报：±30%
福建	挂牌点选：±10%	协议转让：±30%

数据来源：根据公开资料整理。

》》本章小结《《

本章包括两部分内容，一是碳排放权交易的基本原理，二是碳排放权交易的制度设计。

碳排放权交易的基本原理部分主要介绍了碳排放权交易机制的理论基础，即外部性理论和产权理论；排放权交易机制的理论应用以及碳排放权交易机制的基本原理。通过碳排放权交易，管理者无须了解各排放企业的具体边际减排成本，只需制定出减少排放总量的目标，并允许企业自行决定减排的途径，在总量控制的前提下，企业自身就会根据利润最大化原则，最优地实现减排目标。同时，通过碳排放权交易使得边际减排成本较低的企业更多地参与减排活动，实现了碳排放权从边际减排成本较低的企业流向边际减排成本较高的企业，在减排总量不变的情况下，节约了减排的总成本，提高了资源的再分配效率。因此，碳排放权交易既有助于提高管理者的工作效率，完善减排责任的分配；又有利于成本的节约和环境容量资源的有效配置。

碳排放权交易的制度设计部分，主要从覆盖范围、配额总量、配额分配、抵消机制、灵活性措施、交易主体等方面分别介绍了欧盟和中国的碳排放权交易机制的制度设计情况。

≫》 思考与业务题 《≪

1. 什么是外部性？包括哪几种类型？碳排放属于哪一种类型，为什么？
2. 简述产权理论的主要内容。
3. 简述碳排放权交易机制的基本原理。
4. 简述欧盟与中国碳排放权交易机制的制度设计异同点。

第四章　碳排放权交易会计处理

导入案例

广东塔牌集团股份有限公司 2020 年年度报告第 157 页"其他重要的会计政策和会计估计"中披露了塔牌集团有关碳排放权交易的会计处理方法，具体如下。

（1）自 2020 年 1 月 1 日起的会计政策：①重点排放企业通过购入方式取得碳排放权配额的，应当在购买日将取得的碳排放权配额确认为碳排放权资产，并按照成本进行计量。②重点排放企业通过政府免费分配等方式无偿取得碳排放权配额的，不作账务处理。

（2）2020 年 1 月 1 日前的会计政策：①对取得的省发展和改革委员会发放的免费碳排放权配额，公司不确认资产，也不确认政府补助，不做会计核算。②对有偿取得的碳排放权配额，视持有目的进行分类。以自用为目的的，公司作为无形资产进行核算；以出售为目的的，公司作为存货核算。有偿取得的碳排放权配额按取得初始成本进行计量，并按持有目的适用的准则进行后续计量。

由上可知，在不同时期，塔牌集团针对碳排放权交易采用了不同的会计处理方法。然而，到底应怎样对碳排放权交易进行会计处理呢？这是本章将要学习的内容。

随着碳排放权交易制度的推行与发展，许多国家和地区陆续建立碳排放权交易市场，并启动了碳排放权交易，由此也就带来了碳排放权交易的会计处理问题。为如实反映碳排放权交易这一新型业务，国际性准则制定机构和建立碳排放权交易市场的各国家和地区均对碳排放权交易会计处理问题进行了深入的研究与探讨。由于碳排放权交易市场是以总量控制与交易机制为主、以基线与信用机制为辅，故有关碳排放权交易的会计处理都是基于总量控制与交易机制来进行探讨的。本章的主要内容包括国际碳排放权交易会计处理和中国碳排放权交易会计处理的相关规则和实务。通过本章的学习，我们将对碳排放权交易的会计处理有较为全面的了解。

第一节 国际碳排放权交易会计处理

一 国际会计准则理事会关于碳排放权交易会计问题的讨论

关于碳排放权交易的会计处理，国际会计准则理事会（International Accounting Standards Board，简称 IASB）对其的研究与探讨最为系统和深入，于 2004 年 12 月发布了《国际财务报告解释第 3 号：排放权》（*IFRIC Interpretation 3：Emission Rights*，简称《IFRIC 3：排放权》），尽管因其自身存在的会计错配等多方面的问题，于 2005 年 6 月撤销，但 IASB 的研究思路和研究成果仍然值得各国会计准则委员会在研究相关领域问题时借鉴和参考。IASB 关于碳排放权交易会计问题的讨论过程如下。

2002 年 7 月，IASB 在例行会议中开始关注碳排放权交易制度所产生的会计问题，并安排其下属的国际财务报告解释委员会（International Financial Reporting Interpretations Committee，简称 IFRIC）对碳排放权交易会计问题展开系统性的研究。2002 年 12 月，IFRIC 主要讨论了以下三方面问题：①在碳排放权交易制度下，到底是产生了资产还是负债？所产生的资产和负债是单独确认，还是以净资产或净负债的形式确认？②主体持有的配额应当确认为金融工具并按 IAS 39 进行会计处理，还是确认为无形资产并按 IAS 38 进行会计处理？③排放权配额代表的是一项减排义务还是收益？如果确认一项单独的负债或收益，是否应为 IAS 20 下的递延收益？

经过讨论，IFRIC 对以上三方面问题的初步结论是：①排放权配额应当被确认为一项无形资产，但对是否采用公允价值来进行计量仍需要讨论；②当以低于公允价值的价格获得排放权配额时，应确认为 IAS 20 下的递延收益，排放权配额和补助都应该采用取得日的公允价值计量。

2003 年 10 月，IFRIC 发布了《IFRIC 3：排放权（草案）》，主要观点如下：①排放权配额应根据 IAS 38 确认为无形资产，并以公允价值进行计量；②当从政府取得的配额低于公允价值时，支付价格与公允价值之间的差异应根据 IAS 20 确认为政府补助；③当排放产生时，将来交付排放权配额的义务应根据 IAS 37 确认为负债。

2003 年 12 月，IASB 对《IFRIC 3：排放权（草案）》提出了如下建议：① IASB 认可《IFRIC 3：排放权（草案）》以公允价值来对排放权配额进行初始计量，并且将后续公允价值的变动确认为损益。然而，这是目前 IAS 38 所不允许的。②《IFRIC 3：排放权（草案）》把排放权配额作为流动资产，因此 IASB 认为有必要与 IAS 38 中的无形资产相区别，排放权配额之所以有价值是因为它可以用来清偿现实义务。③ IASB 同意 IFRIC 提议的对 IAS 38 进行有限的修订。④ IASB 曾经试图用新的 IFRS 取代 IAS 20，使之与财务报告概念框架一致。根据《IFRIC 3：排放权（草案）》对排放权配额的处理，加之其他准则的制定者也关注 IAS 20，IASB 要求其工作人员加快修订 IAS 20。同时，IASB 还特别指出，需要考虑是否能够通过扩展包括在 IAS 41 中的政府补助内容来替换 IAS 20。

2004 年 12 月，IFRIC 正式发布了《IFRIC 3：排放权》。有关《IFRIC 3：排放权》的具体内容，我们将在下一部分详细介绍。

2005 年 6 月，IASB 考虑到碳排放权交易会计指南需求紧迫性的降低、相关准则不协调等诸多原因，决定撤销《IFRIC 3：排放权》。2005 年 9 月，IASB 决定在议事日程中增加一个项目，为排放权配额的会计问题提供一个更全面的模型，并提出对 IAS 38 进行修订。同时，IFRIC 指出将套期保值工具会计视为 IAS 38 修正案的扩展，也就是说，IAS 38 修正案可以消除 IFRIC 3 中计量和报告的不匹配问题，将套期保值会计视为消除确认时点不一致的工具。2006 年 2 月，因 IASB 推迟政府补助项目而使碳排放权交易项目受到影响。

2007 年，美国财务会计准则委员会（Financial Accounting Standards Board，简称 FASB）也意识到应制定一项标准，为气候变化核算提供框架，并向利益相关方提供其所需的信息，这至关重要。2007 年 12 月，IASB 和 FASB 决定共同研究碳排放权交易相关会计准则，并将其作为联合开发项目。该项目的合作开发历程如下。

2008 年 5 月，IASB 暂时决定将涉及所有可交易的碳排放权利和义务以及未来可获得的碳交易权利的活动（如 CER）的相关会计处理问题纳入项目讨论范围。

2009 年 3 月，IASB 初步决定，从政府免费获得的碳排放权配额应按照公允价值计入资产，但碳排放权交易的会计处理尚未形成定论。争论的焦点在于义务何时产生、负债何时确认。有人认为，在获得免费碳排放权配额的当天义务即产生；但也有人认为，负债只会在未来企业实际排放二氧化碳时产生，获得的免费碳排放权则是收入。

2009 年 4 月，FASB 讨论了免费分配给企业的碳排放权配额的初始确认和计量问题，但没有得出任何结论。FASB 注意到，碳排放权交易会计处理涉及的问题也正在联合概念框架项目和 IASB 对《IAS 37：准备、或有负债和或有资产》的修订项目中进行讨论，因此指示工作人员要确保各项项目成果保持结论的统一性。

2010 年，IASB 和 FASB 重点讨论总量控制与交易机制下政府免费分配的配额和排放负债的确认、计量问题以及超额排放产生的负债确认问题。IASB 和 FASB 认为排放权配额与排放负债的计量应保持一致，即在初始与后续计量中都应采用公允价值计量模式。讨论的主要内容包括：①政府免费分配给企业的配额应将其确认为无形资产，以公允价值进行计量；②排放义务发生时（排放额控制在配额之内），将交付配额的义务确认为负债，并以获得配额时的公允价值计量；③企业实际碳排放量超过政府分配的配额时，应该确认由于多余排放产生的负债；④对于购买的配额，应确认为无形资产，并且在初始和后续计量中采用公允价值计量。

2010 年底，由于受到时间和资源的约束，金融危机等因素影响，IASB 再次搁置了该项目。

2014 年 9 月，IASB 重新启动该项目，并于 2015 年 6 月，发布《污染物定价机制项目》（*Pollutant Pricing Mechanisms*）以代替原来的排放权交易计划项目，并变更了研究的范围、方法和方向，以便将该项目的结果运用于使用排放权配额管理污染物排放的各种计划。但至目前该项目还在研究之中，尚未正式发布相关的会计准则。

二 《IFRIC 3：排放权》的主要内容及会计处理

（一）《IFRIC 3：排放权》的主要内容

2004 年 12 月，IFRIC 正式发布了《IFRIC 3：排放权》。由 9 个部分构成，分别是涉及的相关准则（references）、背景（background）、范围（scope）、相关的问题（issues）、一致结论（consensus）、实施日期（effective date）、过渡条款（transition）、示例（illustrative example）以及结论基础（basis for conclusions）。

《IFRIC 3：排放权》涉及的相关会计准则有《IAS 8：会计政策、会计估计变更和差错》《IAS 20：政府补助的会计和政府援助的披露》《IAS 36：资产减值》《IAS 37：准备、或有负债和或有资产》《IAS 38：无形资产》。适用于参与总量控制与交易机制的企业，主要解决的问题是：①总量控制与交易机制是产生了一项净资产或负债，还是产生了一项资产（持有的配额）、一项负债、递延收益或（和）收益；②如果要单独确认一项资产，那资产的属性是什么；③如果要单独确认一项负债、递延收益或（和）收益，其属性是什么，怎样来进行计量。为此，IFRIC 得出的一致性结论是：在总量控制与交易机制下，会产生一项单独的资产、单独的负债，而不是一项净资产或净负债。

具体会计处理方法如下：

（1）企业将获得的碳排放权配额（不管是政府分配的还是从碳排放权交易市场购买的）根据 IAS 38 确认为无形资产，并按公允价值进行初始计量。

（2）企业获得政府分配的排放权配额，所支付金额低于排放权配额公允价值之间的差额按 IAS 20 作为政府补助。此政府补助首先确认为递延收益。随后，不管此配额是企业持有还是已对外出售，都在政府分配排放权配额所覆盖的承诺期按系统合理的方法确认为收益。

（3）企业实际发生排放时，确认一项负债，以反映将交付与其实际排放量相等的排放权配额的义务。此负债在资产负债表中，以将来结算履约义务时发生支出的最佳估计值来进行计量，通常采用资产负债表日排放权配额的市场价。

（4）当碳排放权交易市场出现使排放权配额资产发生减值的迹象时，根据 IAS 36 进行减值测试并计提减值。

由上面的具体会计处理方法可知，排放权配额根据 IAS 38 作为无形资产来进行会计处理，而 IAS 38 规定无形资产的后续计量存在两种模式，一种是成本模式，另一种是重估模式，故排放权配额的后续计量也可采用这两种模式。此时问题就产生了：若用成本模式，同样都是排放权配额，作为资产的碳排放权配额采用成本模式，而作为将来履约的排放权配额（排放负债）则按公允价值进行计量，存在会计计量的不匹配；若用重估模式，排放权配额都采用的是公允价值计量模式，但作为排放权配额资产的公允价值变动是计入权益（其他综合收益），而排放权负债的公允价值变动则是计入当期损益，也存在不匹配。还有确认时间与实务量的不匹配，排放权配额资产（获得免费配额）在取得时一次确认，而排放权负债则是在发生时逐步确认。也正因如此，欧洲财务报告咨询组织（EFRAG）认为排放权配额资产和排放权负债计量属性与报告基础的不一致无法反映碳排放权交易的"经济实质"（economic reality），违背了"真实与公允"的会计原则，故于 2005 年发表了拒绝采用的观点。

（二）《IFRIC 3：排放权》示例

由于排放权配额资产可采用成本模式或重估模式来进行后续计量，故分两种情况来举例说明其会计处理。

例：南方公司为一家电力企业，已被纳入碳排放权交易机制。假定政府的免费排放权配额于每年的 1 月 1 日发放，第二年 3 月 31 日提交履约。2025 年 1 月 1 日，南方公司获得政府分配的免费排放权配额 120 万吨，当日排放权配额的市场价格为 50 元/吨，南方公司预计 2025 年全年共排放 120 万吨，截至 2025 年 6 月 30 日，已排放 55 万吨，当时排放权配额市价为 60 元/吨。截至年末，南方公司共排放 125 万吨，当日排放权配额的市价为 55 元/吨，南方公司从碳排放权交易市场购买 5 万吨以备履约。2026 年 3 月 31 日，南方公司交付排放权配额 125 万吨以履约。

南方公司有关碳排放权交易业务的会计处理如下（单位：万元）：

1. IAS 38 的成本模式

（1）2025 年 1 月 1 日，取得政府发放的免费配额

借：无形资产（排放权配额）　　　　　　　6 000（120×50）

　　贷：递延收益（政府补助）　　　　　　　　　6 000

（2）2025 年 6 月 30 日

a．确认已发生排放的义务

借：生产成本（排放费用）　　　　　　　3 300（55×60）

　　贷：应付碳排放权　　　　　　　　　　3 300

根据 6 月 30 日的排放权配额公允价确认因排放而应履约的负债

b．同时①

借：递延收益（政府补助）　　　　　　　2 750

　　贷：其他收益（收益）　　　　　　　　2 750

根据实际排放量，按照系统合理的方法确认为收益

（3）2025 年 12 月 31 日②

a．确认已发生排放的义务③

借：生产成本（排放费用）　　　　　　　3 575

　　贷：应付碳排放权　　　　　　　　　　3 575

确认因下半年的排放所增加的排放负债（125×55－55×60）

b．同时

借：递延收益（政府补助）　　　　　　　3 250（6 000－2 750）

　　贷：其他收益（收益）　　　　　　　　3 250

分摊政府补助而确认收益

c．从市场购买排放权配额 5 万吨以备履约

借：无形资产（排放权配额）　　　　　　275（5×55）

　　贷：银行存款　　　　　　　　　　　　275

（4）2026 年 3 月 31 日履约时

借：应付碳排放权（排放负债）　　　　　6 875

　　贷：无形资产（排放权配额）　　　　　6 275

　　　　资产处置收益　　　　　　　　　　600

2．IAS 38 的重估模式

（1）2025 年 1 月 1 日，取得政府发放的免费配额

借：无形资产（排放权配额）　　　　　　6 000（120×50）

　　贷：递延收益（政府补助）　　　　　　6 000

---

① 此处假设南方公司按实际排放量占预计全年排放量的比例来分摊递延收益（政府补助）。即 2 750 ＝ 55÷120×6 000。

② 年末，因碳排放权配额不存在减值迹象，故不计提减值。

③ 此处是简化处理，把上半年排放 55 万吨所形成负债的公允价值变动也计入排放费用之中，而没有单独反应在"公允价值变动损益"中。

（2）2025 年 6 月 30 日

a. 确认已发生排放的义务

借：生产成本（排放费用）　　　　　　　　　　　3 300（55 ×60）

　　贷：应付碳排放权　　　　　　　　　　　　　　　　3 300

根据 6 月 30 日的排放权配额公允价确认因排放而应履约的负债

b. 同时

借：递延收益（政府补助）　　　　　　　　　　　2 750

　　贷：其他收益（收益）　　　　　　　　　　　　　　2 750

根据实际排放量，按合理的方法确认收益

c. 确认持有排放权配额公允价值的变动

借：无形资产　　　　　　　　　　　　　　　1 200［120 ×（60 − 50）］

　　贷：其他综合收益　　　　　　　　　　　　　　　　1 200

（3）2025 年 12 月 31 日[①]

a. 确认已发生排放的义务[②]

借：生产成本（排放费用）　　　　　　　　　　　3 575

　　贷：应付碳排放权　　　　　　　　　　　　　　　　3 575

确认因下半年的排放所增加的排放负债（125 ×55 − 55 ×60）

b. 同时

借：递延收益（政府补助）　　　　　　　　　　　3 250（6 000 − 2 750）

　　贷：其他收益（收益）　　　　　　　　　　　　　　3 250

分摊政府补助而确认收益

c. 从市场购买排放权配额 5 万吨以备履约

借：无形资产（排放权配额）　　　　　　　　　　275（5 ×55）

　　贷：银行存款　　　　　　　　　　　　　　　　　　275

d. 确认持有排放权配额公允价值的变动

借：其他综合收益　　　　　　　　　　　　　600［120 ×（60 − 55）］

　　贷：无形资产（排放权配额）　　　　　　　　　　　600

（4）2026 年 3 月 31 日履约时

借：应付碳排放权（排放负债）　　　　　　　　　6 875

　　贷：无形资产（排放权配额）　　　　　　　　　　　6 875

---

① 年末，因碳排放权配额不存在减值迹象，故不计提减值。

② 此处是简化处理，把上半年排放 55 万吨所形成负债的公允价值变动也计入排放费用之中，而没有单独反映在"公允价值变动损益"中。

三 国际代表性国家和地区关于碳排放权交易的会计处理

由前文可知，IASB 已于 2005 年 6 月撤销了《IFRIC 3：排放权》，尽管之后一直在探讨碳排放权交易会计处理问题，其他相关国家也积极探讨，但到目前为止，关于碳排放权交易的会计处理，国际上还未形成统一的、权威的会计处理方法。然而参与碳排放权交易的企业实体却需相应的会计处理方法来进行指导，以提高会计信息的可比性，故已建立了碳排放权交易市场的国家的会计准则委员会，根据其自身对碳排放权交易会计问题进行的研究与认识，出台了相应的会计准则或会计处理规定。接下来，将介绍欧盟、大洋洲、北美、亚洲等代表性国家和地区的碳排放权交易会计处理方法。

（一）欧盟

1. 欧盟地区代表性碳排放权交易会计处理方法

在 IASB 撤销《IFRIC 3：排放权》后，欧盟地区参与碳排放权交易机制的企业便没有了权威的会计指南。实务中呈现出了多种有关碳排放权交易的会计处理方法。2007 年，由普华永道（PwC）和国际排放交易协会（International Emissions Trading Association，简称 IETA）进行的调查表明相关方法有 15 种之多。但综合起来，主要为以下三种，详见表 4 – 1。

表 4 – 1 欧盟地区代表性会计处理方法

项目		方法一（IFRIC 3）	方法二（混合法）	方法三（净负债法）
初始确认	分配的配额	按发放日的市场价格确认和计量排放权配额，同时贷记到政府补助		按成本来进行确认与计量，政府分配的按"零"进行计量
	购买的配额	确认，按成本来进行计量		
后续计量	所有配额	按市价或成本来进行后续计量，按成本计量的要进行减值测试		按成本模式进行后续计量，进行减值测试
	政府补助	按系统合理的方法在承诺期进行分摊		不适用
负债	确认	发生排放时确认负债		发生排放时确认负债，但负债的计量是按下面的方式来进行，通常在资产负债表不会有负债列示出来，只有产生的排放量超过了分配的配额数量时才有负债列示。相当于排放量超过所分配的配额时才确认

（续上表）

项目		方法一（IFRIC 3）	方法二（混合法）	方法三（净负债法）
负债	计量	报告期末，根据实际排放量按配额市场价值来进行计量（无论是手头上持有配额还是将来从市场上购买配额来履约）	负债按以下方法来计量（A＋B）： A：期末持有用来履约的配额账面价（在成本模式下，即配额确认当天的市场价；在重估模式下，即重估日的市场价）采用先进先出法或加权平均法 B：将要用来履约的超额排放配额的期末市场价	负债按以下方法来计量（A＋B）： A：期末持有用来履约的配额账面价（零或外购成本），采用先进先出法或加权平均法 B：将要用来履约的超额排放配额的期末市场价

注：超额排放配额是指实际排放量超过手头持有配额的差额。

2. 欧洲财务报告咨询组

由上一章可知，欧盟碳排放权市场于 2005 年正式启动交易，同时，欧盟也刚好从 2005 年 1 月 1 日开始正式采用国际财务报告准则。因此，欧盟参与碳排放权交易的企业根据《IFRIC 3：排放权》来对碳排放权交易进行会计处理。后因《IFRIC 3：排放权》的撤销而导致欧盟企业对碳排放权交易的会计处理方法各种各样。基于此，欧洲财务报告咨询组（European Financial Reporting Advisory Group，简称 EFRAG）也开始关注和讨论碳排放权交易会计问题，于 2013 年对碳排放权的以下会计问题展开了讨论，并发表了相关评论：①碳排放权配额的资产类别问题，就碳排放权到底是属于金融资产、存货、无形资产还是其他类型的资产，分别发表了意见。EFRAG 认为，碳排放权不符合金融资产的定义，因为碳排放权配额并不代表从第三方收取现金（或其他金融资产）的权利；而且碳排放权配额不是来自合同，而是来自法律规定的碳排放交易机制的参与；同时，不能完全将碳排放权配额等同于存货，因为碳排放权配额在企业生产过程中并未被实际消耗，并且企业可以在不预先获得碳排放权配额的情况下完成生产；碳排放权配额与无形资产具有共同的特征。②主张根据碳排放权配额的持有目的来确定碳排放权交易的会计处理方法。③主张企业在产生排放时确认负债和生产成本。④主张碳排放权配额资产与负债分别列示，等等。整体而言，主张出台专门的会计准则来规范碳排放权交易的会计处理。

3. 英国

英国早在 2000 年就开始实施碳排放权交易制度。2002 年，英国发布了《英国排放权交易机制下的碳会计（征求意见稿）》（*Accounting for Carbon under the UK Emissions Trading*

Scheme），旨在规范英国排放权交易的会计处理方法。该征求意见稿认为碳排放权能够在资本市场中进行期货和期权交易，具有金融工具的某些特征，可以作为一项金融工具进行确认与计量。英国会计准则委员会（Accounting Standards Committee，简称 ASC）2015 年的调研发现，英国参与 ETS 的公司普遍采用净负债法（方法三）和政府补助法（方法二）；并且有一些受 ETS 约束的公司尚未在财务报表中披露相关信息，这可能是由于这些公司的相关资产和负债的重要性相对较低所致。

4. 法国

法国对于碳排放权交易会计的研究也较为深入。2012 年 9 月，法国会计准则委员会（Autoritedes Normes Comptables，简称 ANC）发布了《关于二氧化碳排放配额会计核算的提议案——基于公司的经营模式》。该提议案将企业持有排放配额分为"生产经营模式"和"交易模式"两种，并强调排放配额的会计核算必须清楚地反映出持有模式。"生产经营模式"下，企业持有配额是以履约为目的的，购买配额是公司经营活动中不可避免的行为，因此配额的管理类似于在生产过程中存货的管理。配额的购买与企业的生产经营相关，构成企业的生产成本。"交易模式"下，企业持有排放配额是履约之外的原因，如投资等。在这种情况下，购买配额是与企业的经营活动无关的，是一项单独的交易活动，不应构成其生产成本的组成部分。通常情况下，"交易模式"适用于非控排企业，"生产经营模式"适用于控排企业，但控排企业如果变换排放配额持有目的，"交易模式"与"生产经营模式"可以共存。

在"生产经营模式"下，控排企业免费从政府获得配额，不作账务处理。控排企业从市场上购买配额，确认为存货，并以购买成本进行初始计量。在碳排放发生时，将这些配额进行出库处理，计入生产成本。若控排企业在排放配额使用完毕之后仍产生碳排放，需要继续购买配额以满足履约要求，则之后产生的碳排放应当确认为一项负债，并以未来支出的最佳估计对负债进行计量，即预计购买配额的市场价格或者待交货的期货购买价格。当企业购买配额时，终止确认该项负债。对于配额的后续计量，企业应当按照成本和可变现净值中的较低者对这些配额进行计价测试。

在"交易模式"下，企业购买配额，确认为存货，并以购买成本进行初始计量。出售配额所形成的利得或损失计入利润表的"资产处置损益"，期末对所持有配额进行减值测试以确定是否发生减值。

5. 意大利

意大利会计准则委员会（OIC）认为对碳排放权会计的分析应基于有关权利的经济性质，持有排放配额可使企业免受罚款，意味着可以避免生产成本。2013 年 2 月，OIC 发布了《会计准则：温室气体排放配额》。该准则区分了"碳排放企业"与"贸易企业"来对碳排放权的会计处理进行规范。

对于"碳排放企业"，从政府分配免费获得的排放配额，不作账务处理，但需记录免费获得的配额数量及与分配的排放配额成比例的受限制的生产承诺。当碳排放企业购买配额时，在利润表中确认"成本"；当碳排放企业出售配额时，则在利润表中确认"收入"。资产负债表日，若当年免费分配的配额，再加上（或减去）从市场上购买（或出售）的配额，低于应履约所需配额数量时，应当按资产负债表日市场价值确认尚未购买的排放配额所产生的成本，并在资产负债表中确认相应负债，当企业于次年购买履行前年度义务所需的排放配额时，对冲该负债；资产负债表日，若当年免费分配的配额，再加上（或减去）从市场上购买（或出售）的配额，高于应履约所需配额数量时，该企业可按资产负债表日市场价值出售超过当年义务的排放配额。当企业于次年向环境部提交前一年的排放配额时，不作账务处理。

对于"贸易企业"，购买配额时，在利润表中确认相关成本；出售配额时，在利润表中确认相关收入。资产负债表日，该贸易企业仍可用的排放配额由损益类科目结转至资产负债表中，以流动资产存货列示。

6. 匈牙利

对碳排放权交易，匈牙利会计准则委员会（HAS）发布了《SZAKMA（2006/6 – 7；2005/4)》，主张将排放权配额确认为一项资产（存货或无形资产）。当企业获得政府分配的配额时，被视为政府补助，按其分配日的公允价值计入无形资产或存货（HAS 倾向于确认为存货），并在贷方确认递延收益。会计期末考虑排放权配额是否存在减值迹象，若存在减值迹象，计提减值时，应相应地转回收到该配额分配时所确认的递延收益。若企业购买额外配额，按其购买日的公允价值计入无形资产或存货，贷方为支付对价。如果预计实际排放量高于免费获得的现有配额，则应按照配额缺口的年末公允价值确认准备金。次年履约时，按实际排放量（履约配额）公允价值确认成本，借记利润表的"费用"科目，贷记之前确认的资产，同时将收到配额时确认的递延收益转入当期收入。

同时，企业还应在财务报表中披露以下信息：碳排放权交易机制的基本运作信息、免费分配获得和购买获得的配额数量、估计及实际发生的年排放量、计提的准备金等。此外，HAS 还规定出售排放权配额（国家免费分配的排放权配额除外）的利润的 50% 可从企业税收基础中扣除。

7. 西班牙

2008 年 1 月 1 日，西班牙会计准则委员会修订了 2006 年 2 月 8 日发行的《会计总计划》中关于温室气体排放限额会计处理的决议。

该决议将排放权配额确认为一项无形资产。企业从政府取得的免费配额，确认为无形资产，按其分配日的公允价值借记"无形资产"，贷记"补助收入"。若企业购买额外配额，按其购买日的公允价值计入"无形资产"，贷方为支付对价。此外，企业需要根据当年实际排放量配额的公允价值确认成本，贷方确认为一项应履行的履约义务。次年履约时，碳排放企业用其无形资产交纳排放权配额结算相关债务，此时借记"履约义务"科目，贷记"无形资产"科目，差额计入"营业外收支"。企业出售其排放权配额，按照处理无形资产原则，在利润表中确认为收入。

（二）大洋洲

以新西兰为例。

新西兰与其他国家或地区有所区别，其丰富的林业资源被认为是新西兰最大的碳汇。森林中树木随着生长而从大气中吸收二氧化碳，树木一旦被采伐，随着木材的腐烂，储存的碳将逐渐释放回大气。目前，新西兰的国际财务报告准则中还没有专门针对排放交易的会计准则或解释公告，企业主要是根据新西兰国际财务报告准则的一般原则和特定标准的要求来确定碳排放权交易的会计处理。2017 年 4 月，新西兰安永发布了《新西兰排放权交易计划林业行业会计处理（NZ IFRS）》[①]，讨论了新西兰 ETS 下森林碳汇的会计处理方法，新西兰会计准则委员会认为该文件可以作为企业在碳排放权会计实务中的参考文件。主要内容包括 1990 年前和 1989 年后的森林会计处理方法。

（1）1990 年前的森林会计处理方法。

1990 年前的森林的权利和义务仅适用于林业土地所有者，而不适用于林业经营者。1990 年之前的林地所有者，其土地于 2007 年 12 月 31 日仍为森林的，当这些森林被砍伐时，林地所有者将承担 ETS 的履约义务。森林砍伐不仅包括砍伐树木，还包括砍伐树木后引入新的土地用途，例如将林地变为农田。新西兰政府为了弥补由于土地使用灵活性降低而导致的土地价值下降，在 2012 年向 1990 年前的森林所有者一次性发放了一笔 NZU 配额。

对于配额的会计处理，林地所有者在 2012 年一次性获得政府分配的 NZU 配额时，借记无形资产，贷记政府补助收入。根据 NZ IAS 20，政府补助可以按其公允价值或名义金额（即零）来进行初始计量。如果将配额资产按零计量，则不会确认任何政府补助收入。但是，这种确认方法在采伐林木产生履约义务时，可能会影响履约负债的计量。初始确认后，对配额资产的会计处理遵循无形资产的处理方法。新西兰存在一个活跃的排放配额交易市场，因此，企业可以选择以公允价值或使用 NZ IAS 38 的成本模型来进行后续计量。

对于排放负债的会计处理，1990 年前的森林，仅在发生森林砍伐时产生履约义务。在砍伐时，企业可选择下述三种方式来确认负债。一是 IFRIC 3 法。在这种方法下，需要履约清缴的 NZU 负债按照公允价值计量。二是政府补助（或"成本"）方法，即企业实体收到政府分配的 NZU 时以公允价值计量（在以零计量 NZU 的情况下不适用），随后根据 NZ IAS 38 采用成本模型进行后续计量，则可适用此方法。在这种方法下，并非按照排放单位的当前市场价格来计量负债，而是以作为资产核算的用于履约的配额加上为弥补配额短缺而购买 NZU 发生的成本来计量负债。三是净负债法（方法三）。如果企业持有的政府授予

---

① EY NZ FAAS, Accounting for ETS Forestry, 2017.

的 NZU 以名义金额记录（即零，因此不适用于按公允价值计量的 NZU），只有当需要履约清缴的 NZU 超过持有的配额时，企业才按照购买短缺的 NZU 发生的额外成本确认负债。

关于碳信息披露，森林砍伐造成的履约义务需要在财务报表中披露。在新西兰 ETS 系统中，对 1990 年前的森林拥有者有一定的限制，这应当在财务报表中予以披露。企业实体还需在财务报表中量化毁林的影响，同时制定相关会计政策阐明如何计量排放单位，以及森林估值中采用的假设，并对其进行披露。

（2）1989 年后的森林会计处理方法。

与 1900 年前的森林不同，获得认可的 1989 年后的森林，其林地所有者或林业经营者都可以自行选择加入排放权交易计划，但没有强制性，因此，政府也不分配任何初始的 NZU 配额。1989 年后的林地所有者或林地经营者，若选择加入 ETS，因被封存的碳储量净增加可获得 NZU。当碳储量下降时，如砍伐树木或烧毁树木，则需要交出以前所获得的 NZU 配额。然而，交付 NZU 的义务有一个上限，以使履约负债不超过先前在指定的碳核算区域（CAA）收到的配额。具体会计处理方法如下：

对于配额的会计处理，在获得政府发放的配额时，借记为无形资产（如果持有是用于转售，则记录为存货），同时贷记政府补助收入，可以零或公允价值来进行初始计量。如果按零来进行初始计量，则不应确认政府补助收入，当产生履约清缴义务时，初始计量所采用的方法会影响负债的计量。如按公允价值进行初始计量，则持有配额的后续计量遵循 NZ IAS 38（如果持有配额用于转售，则遵循 NZ IAS 2）。

对于排放负债的会计处理，当采伐、森林火灾或其他原因造成碳储量减少时将会导致负债的产生。由于自愿参与者在碳储量减少之前，不需承担义务，因此参与者可以通过禁止砍伐而避免排放配额外流。然而，一旦发生砍伐树木等情形导致碳储量减少时，未来的履约义务即产生，确认负债，且应包括预计未来树桩腐烂时需要交出的单位。关于负债的后续计量，企业可以选择按 IFRIC 3（或"公允价值"）方法、政府补助（或"成本"）方法或净负债法（方法三）。

关于列报和披露，资产和负债按净额来进行列报，因为在一个特定报告期内，可能会有一些树木能够得到配额，而有些砍伐的树木要交付配额，根据 CAA 中封存的碳与释放的碳之间的差额，在资产负债表中列报应收/应付净额，同时披露"净碳存量"的变化。但如果一个企业有多个 CAA，有些显示为应收账款净额，而另一些显示为应付账款净额，则只有当该实体能够且打算以净额结算时，才应将应收账款净额与应付账款净额相抵。而收入和成本则需要在利润表中分别列示，但如果实体能够证明净额列示能够反映交易的实质内容，则以净额列示也是可以的。例如，如果 CAA 是一个成熟的森林且很少砍伐，则可以披露所获得配额的净收入，并针对少量伐木需提交的配额进行单独披露。

如果企业在未来有持续的履约清缴义务，企业需要对或有负债的性质作简要说明，并在可行的情况下披露以下内容：对其财务报表影响的估计、负债偿还时间和偿还量的不确定性以及负债偿还的可能性；同时还必须对有关排放量计算、森林估值中使用假设的会计政策进行披露。

（三）北美

1. 美国

美国研究排污权交易会计的历史最为久远。美国联邦能源管理委员会（FERC）、财务会计准则委员会（FASB）和众多学者都对该领域进行了研究。1993 年 4 月，FERC 针对酸雨计划发布了账户统一系统（Uniform System of Accounts）①，以解决排污权交易的会计处理问题。账户统一系统后来成为排放权交易会计指南，即实务中所称的"净负债法（方法三）"。根据统一账户系统，设计"存货"和"其他投资"两个会计科目来核算排放权配额，"存货"核算用来履约的排放权配额；"其他投资"用来核算以投机为目的而持有的排放权配额，并采用历史成本模式来进行初始计量，也就是免费配额以"零"来计量，而外购配额根据其购买时所支付价款来进行计量，同时根据每月核算并费用化记录消耗的排放权配额，按所消耗的排放权配额的账面价值来计量费用。可见，只有超额排放时才会有真正的费用产生，未超额排放前，因排放权配额按零来进行初始计量，故费用也为零。账户统一系统的规定虽然为今后其他排放权交易机制的会计处理提供了先例，但存在一些问题。由于取得的配额按成本计量，政府免费分配的配额无法体现在资产负债表中，实际排放时消耗的配额也不能费用化，购买的排放权配额却确认在资产负债表中，并在抵消排放的污染时确认为费用。这种不一致不能全面地体现排污与排放的经济后果。因此，该文件于 1995 年被撤销。

针对碳排放权交易的会计处理，2003 年 12 月，美国财务会计准则委员会（FASB）下属紧急问题任务处理工作组（EITF）发布了《EITF 03 – 14：总量控制和交易制度下参与者获得排放配额的会计问题》草案②（简称《EITF 03 – 14》草案），试图制定排放权交易会计处理的相关规范。其研究的问题主要有两个：一是在总量控制与交易机制下，排放权配额是否应确认为资产；二是如果在总量控制与交易机制下将排放权配额确认为一项资产，资产的性质是什么。项目组注意到大多数公司根据账户统一系统的要求，将碳排放权配额确认为存货，并按成本进行计量，排放发生时基于加权平均成本确认为费用；但也有另一些公司对通过企业合并获得的排放权配额确认为无形资产，按无形资产来进行会计处理；然而，一些成员认为所讨论的问题超出了总量控制与交易机制的范围，且许多讨论的结果会影响其他的会计准则。因此项目组没有进一步讨论，《EITF 03 – 14》草案因此也被撤销了。

---

① Office of the Federal Register National Archives and Records Administration. Part 101—Uniform system of accounts prescribed for public utilities and licensees subject to the provisions of the federal power act［Z］. Washington DC：U. S. Government Publishing Office，1993：18004 – 18005.

② Participants' accounting for emission allowances under a "cap and trade" program 发布于 FASB 官网 http://www. fasb. org。

2004 年 12 月，FASB 发布《SFAS 153：非货币性资产交换》（美国财务会计准则公告），使得排放权交易会计问题重新受到关注。FASB 在该公告中提出了关于"年份"排放权配额互换应以公允价值或以名义金额为基础进行核算的问题①。2005 年 10 月，德勤和普华永道联合要求 FASB 工作人员对排放权会计中的一些问题提供指南。2006 年，FASB 技术应用和实施活动委员会批准了 FASB 董事会在其议程中增加一个项目的建议，以明确排放权配额的性质并阐明与年份配额互换交易的会计方法。

FASB 工作人员认为排放权配额为无形资产，如此一来就排除了存货观点。除非 SFAS 153 第 20（b）段避免在非货币性资产交换中采用公允价值会计，否则企业需要评估"商业实质"以决定 SFAS 153 下哪种会计方法适当。尽管 FASB 工作人员的观点是排放权配额为无形资产，但 SEC 工作人员建议会计师事务所不要反对存货模型。基于 SEC 的观点，企业可以选择存货或无形资产模型，并始终对一个固定类别的排放权配额使用一种模型。SEC 强调不允许对归为存货的排放权按市值计价，除非它是公允价值套期（fair value hedge）项目。存货模型和无形资产模型最大的区别是对有效年份互换的处理。存货模型要求根据 EITF 04 - 13 和 SFAS 153 的存货互换指引结转有效年份互换；无形资产模型要求对有效年份互换采用公允价值计量②。

2007 年，有学者调研了美国电力行业排放权交易中的会计实践，发现他们对政府分配的排放权配额缺少必要的会计确认，只有 14% 的公司定量披露了配额的价值。

2007 年，FASB 经过研究制定了排污权交易会计的全面指南③，指南内容包括排污权配额的初始确认与计量、排污权利的确认和递延、费用及相应负债的确认和计量、排污权成本分配、列报及披露等。随后，由于排放权问题的特殊性等诸多原因，FASB 和 IASB 从 2007 年底开始合作，共同致力于排放权交易会计准则的研究④。

2. 加拿大

CPA Canada 发布了《总量控制与交易机制下的会计处理办法》，阐述了总量控制与交易机制下的三种代表性处理方法，即 IFRIC 3、Government Grant Approach、Net Liability Approach，并表示在企业实操过程中，很少采用 IFRIC 3 的会计处理方法，多数会采用后两种。同时也提出，如果控排企业将履约配额用于交易投资，则需要考虑采用其他的会计处理方法⑤。

---

① 年份排放权配额互换是指具有类似排放权配额的公司之间的交易。在传统的美国总量控制与交易市场中，每个单独的排放权配额都有一个指定的年份，表明可以使用该配额的第一年，具有相同年份的配额可以互换。因为政府机构通常一次发放多个配额，故公司之间的年份排放权配额互换很常见。

② 王雨桐，王瑞华. 从低硫到低碳：国际排放权会计发展述评 [J]. 贵州财经大学学报，2014（3）：82 - 86.

③ FASB. Emission Allowances Board Meeting Handout [R]. 2007：84 - 95.

④ FASB. Project Updates [EB/OL]. http://www.fasb.org/jsp/FASB/FASBContent_C/ProjectUpdatePage&cid = 900000011097.

⑤ Accounting for cap and trade systems 发布于 CPA Canada 官网 http://www.cpacanada.ca。

（四）亚洲

1. 日本

随着气候的异常变化及碳排放权交易制度在全球的广泛开展，日本会计机构也对碳排放权交易会计处理问题展开了理论和实务层面的研究。日本地球产业文化研究所（Global Industrial and Social Progress Research Institute，GISPRI）于 2000 年成立了碳会计研究小组，对碳排放权的本质属性、初始的会计确认与计量等问题进行研究。日本会计准则委员会（Accounting Standards Board of Japan，ASBJ）于 2004 年 11 月发布了《排放权交易会计指南》①，将配额分为自用和交易两种，并分别进行会计处理，但由于该指南与其他准则在某些方面存在冲突，2006 年，日本会计准则委员会又对其进行了修改，最终决定将排放权作为无形资产或固定资产入账，以交易为目的而持有的排放权配额则参照金融工具会计准则进行处理。

目前，ASBJ 认可的会计处理方法如下：企业应当根据持有目的分别确认碳排放权配额会计处理。①若持有配额是为了向第三方销售，碳排放企业将配额确认为存货，并按历史成本计量，同时应当于年末进行计价测试，以存货的账面价值与可变现净值孰低进行计量；②若该配额是为了企业自用，碳排放企业将配额确认为无形资产或其他固定资产，按历史成本计量，同时应于年末进行减值测试；③控排企业由国家分配的配额，获得配额时不作账务处理。当企业进行碳排放时，按实际排放量的账面价值确认成本，贷记该"资产"科目②。

2. 韩国

2014 年 10 月，韩国会计准则委员会（KASB）发布了《SKAS 第 33 号：温室气体排放许可证和排放负债》③，将会计处理分为交易模式和合规模式两种，且两种模式之间可以转换。具体的会计处理如下：

碳排放企业将配额确认为无形资产。碳排放企业由国家分配的配额，获得配额时不作账务处理。若企业购买额外配额，按其购买日的公允价值计入无形资产。该资产的后续计量由持有目的决定：①若该资产的持有目的是为了履约义务，则按历史成本计量，并评估其减值风险；当企业发生碳排放时，按实际排放量账面价值确认成本，贷记负债作为履约义务，当企业用前述无形资产向政府履行碳排放义务时，冲减该履约义务。当企业处置剩余的国家分配配额时，处置收益冲减碳排放成本；当企业处置剩余的外购配额时，处置收益计入营业外收入。②若该资产的持有目的是短期获利，则按公允价值计量，公允价值与账面价值之间的差额计入收入。当企业处置配额时，则根据企业的主营业务确定将处置收益计入主营业务收入或营业外收入。

---

① ASBJ. 実務対応報告第 15 号：排出量取引の会計処理に関する当面の取扱い［Z］. 2004：55 – 63.
② ASBJ. 改正実務対応報告第 15 号：排出量取引の会計処理に関する当面の取扱い［Z］. 2006：87 – 94.
③ KASB，GHG Emission Credit and Emission Liability in Chapter 33，2014.

第二节 中国碳排放权交易会计处理

一 中国碳排放权交易会计规则的发展

中国会计准则委员会一直积极参与碳排放权交易会计的研究与探讨。从上一章可知，我国的碳排放权交易于 2013 年正式启动，为了配合我国碳排放权交易试点工作的开展，规范碳排放权交易业务的会计核算，以确保我国节能减排目标的顺利实现，财政部会计准则委员会于 2016 年 9 月正式发布了《碳排放权交易试点有关会计处理暂行规定（征求意见稿）》（以下简称《征求意见稿》），同时附有一则起草说明。

《征求意见稿》主要规范碳排放权交易试点地区参与碳排放权交易机制的企业（以下简称重点排放企业）以及参与碳排放权交易的其他企业有关碳排放权交易业务的会计处理。起草说明明确此次征求意见的主要问题，包括但不限于以下五方面问题：

（1）您是否支持重点排放企业从主管部门免费取得的碳排放权配额不确认为一项资产？如果不支持，重点排放企业应当如何确认碳排放权资产？

（2）您是否支持重点排放企业仅在履约前出售碳排放权配额，或者超过碳排放权配额情况下确认"应付碳排放权"负债？如果不支持，重点排放企业应当如何确认相关负债？

（3）您是否支持重点排放企业应当按照公允价值计量已确认的碳排放权资产和相关负债？如果不支持，重点排放企业应当如何进行后续计量？

（4）您是否支持碳排放权资产和相关负债的列示方法和所需披露的信息？您是否有补充？

（5）您认为需要指出的其他问题。

基于《征求意见稿》发布后所反馈的意见、中国碳排放权交易市场的发展现状及控排企业参与碳排放权交易的实际情况，2019 年 12 月，财政部会计准则委员会正式发布了《碳排放权交易有关会计处理暂行规定》（以下简称《暂行规定》），并要求自 2020 年 1 月 1 日起施行。

二 《征求意见稿》的主要内容及示例

（一）《征求意见稿》的主要内容

《征求意见稿》包括科目设置、账务处理、财务报表列报和披露三个部分。具体内容如下。

1. 科目设置

《征求意见稿》建议设置"碳排放权"和"应付碳排放权"两个会计科目来核算与碳排放权相关的资产和负债。"碳排放权"科目用来核算重点排放企业有偿取得的碳排放权的价值,其中碳排放权包括排放配额(以下简称配额)和国家核证自愿减排量(CCER);"应付碳排放权"科目用来核算重点排放企业需履约碳排放义务而应支付的碳排放权价值。

2. 账务处理

《征求意见稿》对配额的确认与计量、碳排放负债的确认与计量进行了详细的规定与说明。重点排放企业从政府无偿分配取得的配额,不作账务处理;而外购的配额,不管是用来履约还是投资,按实际支付对价进行初始计量并采用公允价值进行后续计量。对于碳排放负债,在两个时点进行确认:一是重点排放企业在取得无偿配额没有出售的情形下,当重点排放企业的实际排放量超过配额时确认;二是当重点排放企业在取得无偿配额后即出售时确认。碳排放负债的初始计量和后续计量都采用公允价值计量模式。相关业务的具体账务处理,我们将在下一部分通过举例来详细说明。

3. 财务报表列报和披露

《征求意见稿》要求重点排放企业在财务报表和报表附注中列报和披露以下信息。

(1)在资产负债表资产方的"存货"项目和"一年内到期的非流动资产"项目之间单独设置"碳排放权"项目,反映重点排放企业取得的碳排放权的账面价值,该项目应当按照"碳排放权"科目的期末账面价值列报;在资产负债表负债方的"应付账款"项目和"预收账款"项目之间单独设置"应付碳排放权"项目,反映重点排放企业需履约碳排放义务的账面价值,该项目应当按照"应付碳排放权"科目的期末账面价值列报。

(2)重点排放企业应当在财务报表附注中披露下列信息:

①与碳排放相关的信息,包括参与减排机制的特征、碳排放清单年度报告、碳排放战略、节能减排措施等。

②与碳排放权交易会计处理相关的会计政策,包括碳排放权确认、计量与列报的方法。

③碳排放权持有及变动情况,包括碳排放权的数量和金额的变动情况,取得碳排放权的方式及数量等。其格式见表4-2。

表4-2　碳排放权变动情况表

项目	数量(数量单位:)	金额(金额单位:)
1. 当期可用的碳排放权		
(1)上期配额及 CCER 等可结转使用的碳排放权		
(2)当期政府分配的配额		

（续上表）

项目	数量（数量单位：）	金额（金额单位：）
（3）当期实际购入碳排放权		
（4）其他		
2. 当期减少的碳排放权		
（1）当期实际排放		
（2）当期出售配额		
（3）自愿注销配额		
3. 期末可结转使用的配额		
4. 超额排放		
（1）计入成本		
（2）计入当期损益		
5. 因碳排放权而计入当期损益的公允价值变动（损失以"–"号列报）	×	
6. 因应付碳排放权而计入当期损益的公允价值变动（损失以"–"号列报）	×	

注：除"因碳排放权而计入当期损益的公允价值变动"项目外，上表中的金额栏应当以资产负债表日碳排放权公允价值计量的金额列报。

④碳排放权公允价值的获取渠道、用于投资的碳排放权的公允价值变动对当期损益的影响金额，以及出售碳排放权产生的收益计入当期损益的金额等。

（二）《征求意见稿》的会计处理示例

1. 取得配额的会计处理

从政府无偿分配取得的配额，不作账务处理，从市场上购入的配额，如果是用来履约，分两种情况：一是因超额排放购买，则按照购买日实际支付的价款（包括相关税费），借记"碳排放权"科目，贷记"银行存款"等科目；二是重点排放企业取得无偿配额后，先出售后购入时，按照购买日实际支付的价款，借记"应付碳排放权"科目，贷记"银行存款"等科目。如果是用于投资，则按照购买日实际支付的价款，借记"碳排放权"科目，贷记"银行存款"等科目。期末，按照碳排放权的公允价值，调整"碳排放权"科目的账面价值，并计入"公允价值变动损益"科目。

例：南方公司为一家重点排放企业，2025年7月1日，从政府无偿分配取得配额1 000万吨，当日配额的市价为50元/吨。2025年11月30日，南方公司从碳排放权交易市场购入配额 500 万吨用于投资，配额的市价为 55 元/吨，款项已支付。2025 年 12 月 31 日，因超额排放，南方公司购买配额 200 万吨用于履约，当日配额的市价为 60 元/吨，款项已支付。

假设不考虑相关税费，南方公司有关配额业务的会计处理如下（单位：万元）：

（1）2025 年 7 月 1 日，从政府无偿分配取得配额 1 000 万吨，不作账务处理

（2）2025 年 11 月 30 日，购入配额 500 万吨用于投资

借：碳排放权——交易碳排放权 　　　　　27 500（500×55）

　　贷：银行存款 　　　　　　　　　　　　　　27 500

（3）2025 年 12 月 31 日，南方公司购买配额 200 万吨用于履约

借：碳排放权——履约 　　　　　　　　　12 000（200×60）

　　贷：银行存款 　　　　　　　　　　　　　　12 000

（4）期末，用于投资配额公允价值变动的调整

借：碳排放权——交易碳排放权 　　　　　2 500［500×(60-55)］

　　贷：公允价值变动损益 　　　　　　　　　　2 500

2. 出售配额的会计处理

出售配额存在三种情况：一是重点排放企业出售节余的配额；二是重点排放企业无偿取得配额后即出售；三是出售用于投资的配额。重点排放企业按照规定将节约的配额或 CCER 对外出售的，应在对外出售时，按照实际出售的价款扣除相关税费，借记"银行存款"等科目，贷记"投资收益——碳排放权收益"科目；重点排放企业取得配额后先在市场进行出售的，按照出售实际收到或应收的价款扣除相关税费，借记"银行存款""应收账款"等科目，贷记"应付碳排放权"科目；重点排放企业或其他企业出售用于投资的配额，按照实际收到的金额扣除相关税费，借记"银行存款"等科目，按碳排放权的账面价值，贷记"碳排放权——交易碳排放权"等科目，按其差额，贷记或借记"投资收益——碳排放收益"科目。

例：南方公司为一家重点排放企业，2025 年 7 月 1 日，从政府无偿分配取得配额 1 000 万吨，当日配额的市价为 50 元/吨。因急需资金，于 2025 年 7 月 5 日对外出售配额 300 万吨，配额市价为 52 元/吨。

假设不考虑相关税费，相关会计处理如下（单位：万元）：

（1）2025 年 7 月 1 日，南方公司从政府无偿分配取得配额 1 000 万吨，不作账务处理

（2）2025 年 7 月 5 日对外出售配额 300 万吨

a. 如果这 300 万吨配额是以前年份所节余的配额，则会计处理为：

借：银行存款   15 600

 贷：投资收益——碳排放权收益   15 600

b. 如果这 300 万吨配额是当期政府发放的配额，则会计处理为：

借：银行存款   15 600

 贷：应付碳排放权   15 600

c. 如果这 300 万吨配额为以前购入用于投资的，假设其账面价值为 15 000 万元，则会计处理为：

借：银行存款   15 600

 贷：碳排放权——交易碳排放权   15 000

   投资收益——碳排放收益   600

3. 配额履约的会计处理

只有重点排放企业才有履约义务，当重点排放企业用无偿取得的配额来履约时，不需要进行账务处理；当重点排放企业用外购配额来履约时，按照应付碳排放权的账面价值，借记"应付碳排放权"科目，按照碳排放权的账面价值，贷记"碳排放权"科目，如有差额，借记或贷记"公允价值变动损益"科目。

4. 排放负债的会计处理

根据《征求意见稿》的规定，确认排放负债存在三种情况：一是重点排放企业没有出售当期发放的无偿配额时，在当期累计实际排放量超过所发放的无偿配额的，应当在实际排放行为发生时，按照当期实际超排部分的公允价值，借记"制造费用""管理费用"等科目，贷记"应付碳排放权"科目；二是重点排放企业取得无偿配额后，先在市场进行出售的（全部或部分出售），在当期累计实际排放量超过出售后所剩配额的，应当在实际排放行为发生时，按照当期实际超额排放部分的公允价值，借记"制造费用""管理费用"等科目，贷记"应付碳排放权"科目；三是当重点排放企业取得无偿配额后，先在市场进行出售的（全部或部分出售），出售时也会确认排放负债。[①]

期末，根据碳排放权公允价值的变动调整"应付碳排放权"科目的账面价值，同时确认公允价值变动损益。

例：南方公司为一家重点排放企业，2025 年 7 月 1 日，从政府无偿分配取得配额 1 000 万吨，当日配额的市价为 50 元/吨。截至 2025 年 10 月 31 日，南方公司实际排放 1 000 万吨，2025 年 11 月和 12 月，南方公司的实际排放分别为 100 万吨（2025 年 11 月 30 日的配额市价为 55 元/吨）。2025 年 12 月 31 日，南方公司从碳市场购买 200 万吨配额

---

① 此处只是介绍《征求意见稿》所规定的内容，其合理性可进一步探讨。

以备履约，当时配额的市价为 60 元/吨。2026 年 6 月 20 日，南方公司提交配额 1 200 万吨完成履约。

　　假设 2025 年是南方公司纳入碳排放权交易体系的第一年，且不考虑相关税费，相关会计处理如下（单位：万元）：

（1）2025 年 7 月 1 日，从政府无偿分配取得配额 1 000 万吨，不作会计处理

（2）2025 年 11 月 30 日，因超排确认碳排放负债

借：制造费用/管理费用　　　　　　　　　　5 500（100×55）

　　贷：应付碳排放权　　　　　　　　　　　5 500

（3）2025 年 12 月 31 日

a. 因超排确认碳排放负债

借：制造费用/管理费用　　　　　　　　　　6 000（100×60）

　　贷：应付碳排放权　　　　　　　　　　　6 000

b. 配额公允价值的变动调整

借：公允价值变动损益　　　　　　　　　　　500　［100×（60－55）］

　　贷：应付碳排放权　　　　　　　　　　　500

c. 购买配额以备履约

借：碳排放权——履约　　　　　　　　　　　12 000（200×60）

　　贷：银行存款　　　　　　　　　　　　　12 000

（4）2026 年 6 月 20 日履约

借：应付碳排放权　　　　　　　　　　　　　12 000

　　贷：碳排放权——履约　　　　　　　　　12 000

三　《暂行规定》的主要内容及示例

（一）《暂行规定》的主要内容

　　《暂行规定》包括适用范围、会计处理原则、会计科目设置、账务处理、财务报表列示和披露以及附则，共六个部分。

　　《暂行规定》明确规定，本规定适用于按照我国《碳排放权交易管理暂行办法》等有关规定开展碳排放权交易业务的重点排放单位中的相关企业（以下简称重点排放企业）。其会计处理原则是，重点排放企业通过政府免费分配等方式无偿取得碳排放配额的，不作账务处理；重点排放企业通过购入方式取得碳排放配额的，应当在购买日将取得的碳排放配额确认为碳排放权资产，并按照成本进行计量；为核算重点排放企业的碳排放权业务，《暂行规定》建议重点排放企业设置"碳排放权资产"科目，以核算通过购入方式取得的

碳排放配额。同时针对碳排放配额的取得、履约、出售和注销等业务的会计处理进行了详细的规定，具体内容我们将在下一部分通过示例来讲解。

关于财务报表的列示和披露，《暂行规定》作了以下规定。

（1）"碳排放权资产"科目的借方余额在资产负债表中的"其他流动资产"项目列示。

（2）重点排放企业应当在财务报表附注中披露下列信息：

①列示在资产负债表"其他流动资产"项目中的碳排放配额的期末账面价值，列示在利润表"营业外收入"项目和"营业外支出"项目中碳排放配额交易的相关金额。

②与碳排放权交易相关的信息，包括参与减排机制的特征、碳排放战略、节能减排措施等。

③碳排放配额的具体来源，包括配额取得方式、取得年度、用途、结转原因等。

④节能减排或超额排放情况，包括免费分配取得的碳排放配额与同期实际排放量有关数据的对比情况、节能减排或超额排放的原因等。

⑤碳排放配额变动情况，具体披露格式见表4-3。

表4-3 碳排放配额变动情况表

项目	本年度		上年度	
	数量 （单位：吨）	金额 （单位：元）	数量 （单位：吨）	金额 （单位：元）
1. 本期期初碳排放配额				
2. 本期增加的碳排放配额				
（1）免费分配取得的配额				
（2）购入取得的配额				
（3）其他方式增加的配额				
3. 本期减少的碳排放配额				
（1）履约使用的配额				
（2）出售的配额				
（3）其他方式减少的配额				
4. 本期期末碳排放配额				

最后一个部分为附则，规定重点排放企业的国家核证自愿减排量相关交易，参照本规定进行会计处理，在"碳排放权资产"科目下设置明细科目进行核算。重点排放企业自2020年1月1日起施行本规定，且应当采用未来适用法应用本规定。

（二）《暂行规定》的会计处理示例

1. 取得碳排放配额的会计处理

重点排放企业无偿取得碳排放配额的，不作账务处理。重点排放企业购入碳排放配额的，按照购买日实际支付或应付的价款（包括交易手续费等相关税费），借记"碳排放权资产"科目，贷记"银行存款""其他应付款"等科目。

例：南方公司为一家重点排放企业，2025 年 7 月 1 日，从政府无偿取得碳排放配额 1 000 万吨，当日碳排放配额的市价为 50 元/吨。2025 年 12 月 31 日，南方公司从碳市场购买 200 万吨配额以备履约，当时配额的市价为 60 元/吨。

假设不考虑相关税费，相关会计处理如下（单位：万元）：

（1）2025 年 7 月 1 日，南方公司取得无偿配额 1 000 万吨，不作账务处理

（2）2025 年 12 月 31 日，南方公司从碳市场购买 200 万吨配额以备履约

借：碳排放权资产　　　　　　　　　　　　12 000（200×60）

　　贷：银行存款　　　　　　　　　　　　　　12 000

2. 出售碳排放配额的会计处理

重点排放企业出售碳排放配额，根据配额取得来源的不同，分以下两种情况进行账务处理：一是重点排放企业出售无偿取得的碳排放配额，按照出售日实际收到或应收的价款（扣除交易手续费等相关税费），借记"银行存款""其他应收款"等科目，贷记"营业外收入"科目；二是重点排放企业出售购入的碳排放配额的，按照出售日实际收到或应收的价款（扣除交易手续费等相关税费），借记"银行存款""其他应收款"等科目，按照出售配额的账面余额，贷记"碳排放权资产"科目，按其差额，贷记"营业外收入"科目或借记"营业外支出"科目。

例：南方公司为一家重点排放企业，2025 年 7 月 1 日，从政府无偿分配取得碳排放配额 1 000 万吨，当日碳排放配额的市价为 50 元/吨。因急需资金，于 2025 年 7 月 5 日对外出售配额 300 万吨，配额市价为 52 元/吨。

假设不考虑相关税费，相关会计处理如下（单位：万元）：

（1）2025 年 7 月 1 日，南方公司从政府无偿分配取得碳排放配额 1 000 万吨，不作账务处理

（2）2025 年 7 月 5 日对外出售配额 300 万吨

a. 如果这 300 万吨配额为政府分配的无偿配额，则会计处理为：

借：银行存款   15 600（300×52）

  贷：营业外收入   15 600

b. 如果这 300 万吨配额为以前购入，假设其账面价值为 15 000 万元，则会计处理为：

借：银行存款   15 600

  贷：碳排放权资产   15 000

    营业外收入   600

3. 配额履约的会计处理

根据配额的来源，其会计处理方法也不同。重点排放企业使用无偿取得的碳排放配额履约，不作账务处理；重点排放企业使用购入的碳排放配额履约的，按照所使用配额的账面余额，借记"营业外支出"科目，贷记"碳排放权资产"科目。

例：南方公司为一家重点排放企业，2025 年 6 月 20 日交付 1 000 万吨配额以履约，其中 900 万吨为无偿取得的配额，100 万吨为从碳市场购入的，其账面价值为 5 000 万元。

假设不考虑相关税费，相关会计处理如下（单位：万元）：

（1）用无偿取得的 900 万吨配额来履约，不作账务处理

（2）用购入的 100 万吨配额来履约，会计处理为：

借：营业外支出   5 000

  贷：碳排放权资产   5 000

4. 配额注销的会计处理

重点排放企业自愿注销碳排放配额时，根据配额的来源，分别进行会计处理。重点排放企业自愿注销无偿取得的碳排放配额的，不作账务处理；自愿注销购入的碳排放配额，则按照注销配额的账面余额，借记"营业外支出"科目，贷记"碳排放权资产"科目。

例：南方公司为一家重点排放企业，2025 年 12 月 10 日决定注销 1 000 万吨配额，其中 800 万吨为无偿取得的配额、200 万吨为从碳市场购入的，其账面价值为 10 000 万元。

假设不考虑相关税费，相关会计处理如下（单位：万元）：

（1）自愿注销无偿取得的 800 万吨配额，不作账务处理

（2）自愿注销购入的 200 万吨配额，会计处理为：

借：营业外支出   10 000

  贷：碳排放权资产   10 000

⇒》 本章小结 《⇐

本章主要介绍了国际上关于碳排放权交易的会计处理和中国碳排放权交易的会计处理。

国际上关于碳排放权交易的会计处理部分，重点介绍了国际会计准则理事会关于碳排放权交易会计处理问题的讨论历程、《国际财务报告解释第 3 号：排放权》的主要内容和示例，以及代表性国家和地区关于碳排放权交易的会计处理。关于碳排放权交易的会计处理，属国际会计准则理事会对其的研究与探讨最为系统和深入，并于 2004 年 12 月发布了《国际财务报告解释第 3 号：排放权》，其具体会计处理方法为：①企业将获得的碳排放权配额（不管是政府分配的还是从碳排放权交易市场购买的）根据 IAS 38 确认为无形资产，并按公允价值进行初始计量；②企业获得政府分配的排放权配额，所支付金额低于排放权配额公允价值之间的差额按 IAS 20 作为政府补助。此政府补助首先确认为递延收益，随后，不管此配额是企业持有还是已对外出售，都在政府分配排放权配额所覆盖的承诺期按系统合理的方法确认为收益；③企业实际发生排放时，确认一项负债，以反映将交付与其实际排放量相等的排放权配额的义务。此负债在资产负债表中，以将来结算履约义务时发生支出的最佳估计值来进行计量，通常采用资产负债表日排放权配额的市场价；④当碳排放权交易市场出现使排放权配额资产发生减值的迹象时，根据 IAS 36 进行减值测试并计提减值。

中国碳排放权交易的会计处理部分，主要介绍了中国碳排放权交易会计规则的发展、《碳排放权交易试点有关会计处理暂行规定（征求意见稿）》的内容及示例，以及《碳排放权交易有关会计处理暂行规定》的内容及示例。《暂行规定》的会计处理原则是：重点排放企业通过政府免费分配等方式无偿取得碳排放配额的，不作账务处理；重点排放企业通过购入方式取得碳排放配额的，应当在购买日将取得的碳排放配额确认为碳排放权资产，并按照成本进行计量；为核算重点排放企业的碳排放权业务，《暂行规定》建议重点排放企业设置"碳排放权资产"科目，以核算通过购入方式取得的碳排放配额。同时针对碳排放配额的取得、履约、出售和注销等业务的会计处理也进行了详细的规定。

⇒》 思考与业务题 《⇐

1. 简述国际会计准则理事会关于碳排放权交易会计问题的讨论历程。

2. 简述《IFRIC 3：排放权》的具体会计处理方法。

3. 简述《暂行规定》关于碳排放权交易的账务处理原则。

4. 根据《IFRIC 3：排放权》的规定，编制下述案例有关碳排放权交易业务的会计处理。（假定不考虑相关税费）

南方公司为一家电力企业，已被纳入碳排放权交易机制。2025 年 1 月 1 日，南方公司获得政府分配的免费配额 240 万吨，当日配额的市场价格为 50 元/吨。南方公司预计 2025 年全年共排放 240 万吨，截至 2025 年 6 月 30 日，已排放 110 万吨，当时配额市价为 60 元/吨。截至年末，南方公司共排放 260 万吨，当日配额的市价为 55 元/吨，南方公司从碳排放权交易市场购买 20 万吨以备履约。2026 年 3 月 31 日，南方公司交付配额 260 万吨以履约。

5. 根据《暂行规定》，编制以下案例有关碳排放权交易业务的会计处理。（假定不考虑相关税费）

南方公司为一家重点排放企业，2025 年 7 月 1 日，从政府无偿分配取得配额 100 万吨，当日配额的市价为 50 元/吨。2025 年 8 月 1 日，南方公司从碳排放权交易市场购入配额 50 万吨用于投资，配额的市价为 55 元/吨，款项已支付。2025 年 10 月 20 日，南方公司对外出售配额 60 万吨，出售市价为 60 元/吨。2025 年 12 月 31 日，南方公司预计实际排放量为 110 万吨，南方公司从市场购买配额 20 万吨以备履约，当日配额的市价为 58 元/吨，款项已支付。

第五章 碳信息披露

导入案例

2020 年，内蒙古鄂尔多斯高新材料有限公司（以下简称鄂尔多斯高新）聘请中碳能投科技（北京）有限公司（以下简称中碳能投）协助其完成 2019 年的碳排放数据报告；2020 年 12 月 30 日，报告提交。2021 年 3 月 2 日，广州能源检测研究院举报称，鄂尔多斯高新提交的 2019 年碳排放数据报告里，燃煤元素碳含量检测报告疑似伪造，希望相关部门进行调查。

2021 年 5 月初，接群众投诉举报，生态环境部和内蒙古自治区、鄂尔多斯市三级生态环境部门组成联合调查组展开调查。调查组最终认定，鄂尔多斯高新委托中碳能投对 2019 年碳排放数据报告所附的两个分厂的 2019 年各 12 份检测报告进行篡改，篡改内容包括送检日期、监测日期、报告日期等重要内容，并删除了防伪二维码。据相关专业人士估算，篡改行为使鄂尔多斯高新 2019 年的碳排放配额缺口下降近 200 万吨，据此可减少接近 1 亿元的开支。

这是我国的第一起碳数据造假案。从此案例可知，碳信息披露制度与要求的缺乏，为碳排放数据报告的造假提供了便利，也将严重影响碳排放权交易机制的减排功能。可见，当前亟须建立一套规范的、统一的碳信息披露框架，以提高碳信息披露质量。

为实现气候治理目标，碳信息披露在全球的低碳经济发展中扮演的角色越来越重要。高质量的碳信息披露能使碳排放权交易机制充分发挥减排作用，推动企业的低碳战略转型，实现企业的可持续低碳发展，进而提高整个社会的资源利用效率，为更好地实现低碳经济、促进环境与社会效益的全面协调发展作出贡献。然而，要获得高质量的碳信息披露，至关重要的一点就是要建立一套通用的碳信息披露框架，这样既有利于不同企业之间进行碳信息披露的比较，又可以运用其去评价企业自身的碳信息披露质量水平，促进企业碳信息披露的方式与内容更加规范、完善，从而提高企业的碳信息披露透明度，增强碳信息的有用性。这不仅便于政府监管部门对企业的碳排放情况以及碳排放措施等进行监督管理，及时督促碳减排工作的进度与力度，提升碳信息披露质量，也便于企业的利益相关方对企业碳信息披露情况进行精准监督，通过对企业所披露的碳信息内容进行分析，快速作出较为准确的判断和决策。

正因为碳信息披露越来越受到社会各界的关注，各国际组织积极致力于建立一套规范的、统一的碳信息披露框架，以提高碳信息披露的质量。本章内容包括两个部分，一是国际组织的碳信息披露框架，二是中国碳信息披露制度。

第一节　国际组织的碳信息披露框架

一　国际可持续发展准则理事会

（一）IFRS S2 的制定背景与历程

通常情况下，财务信息发布在公司报告中，可持续性信息发布在单独的可持续发展报告中。然而，随着可持续性问题对企业创造价值的影响越来越明显，投资者和利益相关方希望在主流企业报告中看到与企业价值创造相关的 ESG 信息的披露。许多区域和国际组织制定了相关的可持续发展框架和标准，包括：全球报告倡议组织（GRI）的四模块准则体系、气候披露准则委员会（CDSB）的气候变化信息披露框架[①]、美国可持续发展会计准则委员会（SASB）的五维度报告框架、金融稳定理事会（FSB）的气候相关财务信息披露工作组（TCFD）[②] 的四要素信息披露框架、世界经济论坛（WEF）国际工商理事会发布的四支柱报告框架、国际标准化组织的 ISO 26000 社会责任指南、价值报告基金会（VRF）的综合报告框架。这些标准和框架为企业披露可持续发展信息提供了重要参考。各报告框架侧重点不同、所针对的受众群体不同，这些自愿性报告框架和指南促进了创新和行动，但是也增加了投资者、公司和监管机构的成本和复杂性。为此，G20、FSB、IOSCO、IFAC

---

① 2022 年 1 月 31 日，CDSB 被合并到 IFRS 基金会以支持 ISSB 的工作。
② 2023 年 10 月 12 日，TCFD 发布 2023 年状态报告后宣布解散；由 IFRS 基金会接管气候相关信息披露的进展工作。

等国际组织纷纷呼吁 IFRS 基金会利用其积累的丰富经验、认可度和影响力，牵头制定一套全球统一的高质量可持续发展报告准则，为金融市场带来可持续性的全球可比报告。

2020 年 9 月，IFRS 基金会发布关于建立可持续发展准则理事会的意见征询。2020 年 10 月，IFRS 基金会启动了咨询程序，就"全球可持续发展报告准则委员会"的潜在组建以及基金会自身的地位寻求意见，并就组建的战略方向发表意见，重点关注重要信息投资者、贷方和其他债权人的决策，从气候相关问题开始，延伸到其他 ESG 问题。

2021 年 3 月，IFRS 基金会成立了技术准备工作组（TRWG），工作组成员包括 CDSB、IASB、TCFD、VRF 和 WEF，以及 IOSCO 作为观察员。2021 年 11 月 3 日上午，国际财务报告准则基金会（IFRS Foundation）受托人主席埃尔基·利卡宁（Erkki Liikanen）在《联合国气候变化框架公约》第 26 次缔约方大会（COP 26）上发表"致力于零排放的金融体系"的演讲，正式宣布成立国际可持续发展准则理事会（International Sustainability Standards Board，简称 ISSB），旨在制定和发布 IFRS 可持续发展披露准则（IFRS Sustainability Disclosure Standards，简称 ISDS），为全球不同区域的投资者提供一致和可比的可持续发展报告。ISSB 为国际独立的标准制定机构，基于多个现有国际披露要求而构建，并纳入了多家国际组织，如全球综合报告委员会（IIRC）、气候披露准则理事会（CDSB）、可持续发展会计准则委员会（SASB）等，并与 GRI 签署了谅解备忘录。ISSB 的成立，反映了投资者和监管机构迫切需要一个完整且标准化的可持续发展报告体系，以确保企业可持续发展信息披露的全面性和可比性；也将促使标准各异的 ESG 报告和可持续发展报告趋于一致，推动公司报告框架体系的重构。未来的公司报告将由基于 IFRS 的财务报告和基于 ISSB 的可持续发展报告组成。

2022 年 3 月，ISSB 发布《国际财务报告可持续披露准则第 1 号：可持续发展相关财务信息披露一般要求》（IFRS Sustainability Disclosure Standard：General Requirements for Disclosure of Sustainability-related Financial Information，简称 IFRS S1）和《国际财务报告可持续披露准则第 2 号：气候相关披露》（IFRS Sustainability Disclosure Standard：Climate-related Disclosures，简称 IFRS S2）两份征求意见稿，向全世界利益相关方广泛征求意见。《国际财务报告可持续披露准则第 2 号：气候相关披露》征求意见稿沿用了气候变化相关财务信息披露（TCFD）的披露框架，从治理、战略、风险管理、指标和目标四个方面对企业气候变化相关信息披露提出要求，在具体的披露要求和内容上比 TCFD 的披露框架更为全面。截至 2022 年 7 月底，共收到来自欧美等发达国家和中国等新兴市场经济国家以及欧洲财务报告准则咨询组（EFRAG）、全球报告倡议组织（GRI）、气候相关财务披露工作组（TCFD）等国际组织的 1 425 份反馈意见。ISSB 及其技术团队根据这些反馈意见对征求意见稿进行反复讨论、研究、修改和完善。

2023 年 6 月 26 日，ISSB 正式发布《国际财务报告可持续披露准则第 1 号：可持续发展相关财务信息披露一般要求》（IFRS S1）和《国际财务报告可持续披露准则第 2 号：气候相关披露》（IFRS S2）。

（二）IFRS S2 的主要内容

IFRS S2 由目标、范围、核心内容和附录四个部分构成，具体的主要内容如下[①]。

1. 目标

IFRS S2 的目标是要求主体披露与气候相关风险和机遇的信息，且该信息有助于通用目的财务报告的主要使用者作出向主体提供资源的决策。IFRS S2 要求披露的与气候相关的风险和机遇信息，可合理预期将对主体短期、中期或长期的现金流量、融资渠道及资本成本产生的影响。

2. 范围

IFRS S2 准则适用于：①主体面临的与气候相关的风险，包括气候相关物理风险和气候相关转型风险。②主体面临的气候相关机遇。不能合理预期将影响主体发展前景的气候相关风险和机遇，不适用于该准则。

3. 核心内容

IFRS S2 要求主体从治理、战略、风险管理、指标和目标这四个方面来披露与气候相关风险和机遇的信息，并提出了具体的披露要求。具体的披露要求见表 5 - 1。

表 5 - 1　IFRS S2 的披露要求

项目	目标	信息披露要求
治理	能够使通用目的财务报告使用者了解主体用于监控、管理和监督气候相关风险和机遇时的治理过程、控制措施和程序	（1）负责监督可持续相关风险和机遇的治理机构（如董事会、委员会或其他同等治理机构）或个人，包括： ①如何在职权范围、授权、角色描述和其他相关政策中体现适用于这些机构或个人的可持续相关风险和机遇的责任； ②该机构或个人如何确保已获得或将开发用于监督应对可持续相关风险和机遇所制定战略的适当技能和胜任能力； ③该机构或个人获悉可持续相关风险和机遇的方式和频率； ④该机构或个人在监督主体的战略、重大交易决策和风险管理流程和相关政策时如何考虑可持续相关风险和机遇； ⑤该机构或个人如何监控有关可持续相关风险和机遇的目标设定并监控实现目标进展情况，是否将相关绩效指标纳入薪酬政策以及如何纳入 （2）管理层在用于监控、管理和监督可持续相关风险和机遇的治理流程、控制措施和程序中所扮演的角色，包括： ①该角色是否被授权给特定的管理层人员或管理层委员会，如何对该人员或委员会进行监督； ②管理层是否运用控制措施和程序支持对可持续相关风险和机遇的监督，如果是，如何将这些控制措施和程序与其他内部职能进行整合

---

① 黄世忠，王鹏程．国际财务可持续披露准则第 1 号和第 2 号综述［J］．财务与会计，2023（14）：4 - 13．

（续上表）

项目	目标	信息披露要求
战略	能够使通用目的财务报告使用者了解主体管理气候相关风险和机遇的战略	（1）可合理预期会影响主体发展前景的气候相关风险和机遇 （2）气候相关风险和机遇对主体商业模式和价值链的当前影响和预期影响 （3）气候相关风险和机遇对主体战略和决策的影响，包括气候相关转型计划 （4）气候相关风险和机遇对主体报告期间的财务状况、财务业绩和现金流量的影响，对主体短期、中期和长期财务状况、财务业绩和现金流量的预期影响，以及主体如何将这些气候相关风险和机遇纳入财务规划 （5）主体的战略及其商业模式对气候相关风险的韧性
风险管理	能够使通用目的财务报告使用者了解主体识别、评估、优先考虑和监控气候相关风险和机遇的过程，包括这些过程是否以及如何融入并影响主体的整体风险管理过程	（1）主体用于识别、评估、优先考虑和监控气候相关风险的过程和相关政策，包括： ①主体使用的输入值和参数； ②主体是否和如何运用气候相关情景分析帮助识别气候相关风险； ③主体如何评估这些风险影响的可能性、量级和性质； ④相较于其他类型的风险，主体是否以及如何考虑气候相关风险的优先级别；主体如何监控气候相关风险； ⑤与前一报告期间相比，主体是否和如何改变所使用的过程 （2）主体用于识别、评估、优先考虑和监督气候相关机遇的过程，包括主体是否和如何运用气候相关情景分析帮助识别气候相关机遇 （3）主体在多大程度上和如何将识别、评估、优先考虑和监督气候相关风险和机遇的过程融入并影响整体风险管理过程
指标和目标	能够使通用目的财务报告使用者了解主体在气候相关风险和机遇方面的业绩，包括其实现气候相关目标所取得的进展，以及主体设定的目标和法律法规要求主体实现的目标	（1）与跨行业指标类别相关的信息 （2）与特定商业模式、经济活动和表明主体参与某一行业的共同特征相关的特定行业指标 （3）主体为缓解或适应气候相关风险，或最大限度利用气候相关机遇而设定的目标，以及法律法规要求主体实现的目标，包括治理机构或管理层用于计量实现这些目标的进展的指标

4. 附录

IFRS S2 共有三个附录，这三个附录与正文具有同等效力。附录 1 是准则中相关术语的定义。附录 2 是应用指南，为气候韧性、温室气体、跨行业指标类别和气候相关目标提供了详细的应用指南。附录 3 是生效日期和过渡条款，规定主体自 2024 年 1 月 1 日或以后日期开始的年度报告开始采用 IFRS S2。过渡条款规定，主体首次采用 IFRS S2 的第一个报告期内无须披露可比信息，可以使用以下一种或两种过渡性方法豁免：①如果在该准则首次执行日之前的年度报告期间内，主体使用了《温室气体核算规程：公司核算与报告标准（2004 年）》以外的温室气体排放计量方法，主体可以继续使用该方法；②主体无须披露范围三温室气体排放，如果主体从事资产管理、商业银行或保险活动，无须披露与融资排放相关的额外信息。

二 | 欧洲可持续发展报告准则委员会

（一）ESRS E1 的制定背景与历程

为实现根据《巴黎协定》和联合国《2030 年可持续发展议程》所提出的 17 个可持续发展目标，欧盟制定了《欧洲绿色协议》《欧洲分类条例》和《可持续金融披露条例》等旨在实现净零排放目标以及保护生物多样性和生态系统的环境与社会政策。虽然欧盟于 2014 年 10 月发布了《非财务报告指令》（Non-Financial Reporting Directive，简称 NFRD），要求员工人数超过 500 人的大型公共利益主体（Public-Interest Entity）（涵盖上市公司、银行、保险公司等）应披露 ESG 相关信息，披露内容包括环境、社会、人权、公司董事会多元化等内容，但欧盟委员会经过审查评估后认为 NFRD 无法满足当前的可持续发展需求，为此，欧盟决定制定一个新的指令来取代 NFRD，以作为欧盟制定可持续发展报告准则（ESRS）的法律基础。

2021 年 4 月，欧盟委员会发布《公司可持续发展报告指令》（Corporate Sustainability Reporting Directive，简称 CSRD）征求意见稿，向成员国广泛征求意见。2022 年 6 月，欧盟理事会和欧洲议会就 CSRD 达成临时协议，并在 2022 年 6 月 30 日获得欧洲成员国的认可。2022 年 11 月 10 日，欧洲议会以 525 票赞成、60 票反对和 28 票弃权通过了 CSRD。2022 年 11 月 28 日，欧盟理事会正式批准了 CSRD，使之成为欧盟可持续发展信息披露的核心法规。

早在 2020 年 6 月和 9 月，欧盟理事会（European Council，简称 EC）就提议欧洲财务报告准则咨询组（EFRAG）[①] 成立工作组，并改革其治理结构，为制定 ESRS 做好组织准

---

① 欧洲财务报告准则咨询组（EFRAG）成立于 2001 年，是一个非官方的专业机构，主要针对欧盟理事会是否采纳国际财务报告准则提供专业技术和咨询建议，其本身并没有准则制定权。

备。2021 年 3 月，EFRAG 成立了两个委员会：一是财务报告委员会（FRB），继续履行向 EC 提供应否采纳 IFRS 的技术咨询建议；二是可持续发展报告委员会（SRB），负责根据 EC 的授权起草和制定 ESRS，之后再提交欧盟委员会审批和发布。2021 年 4 月，EC 依据 CSRD 正式授权 EFRAG 制定 ESRS，并提供资金支持。EFRAG 在制定 ESRS 时，必须严格遵循 CSRD 对可持续发展报告的信息披露要求。双重重要性原则是 CSRD 指令的基石：一是影响重要性，要求企业在其管理报告中披露有助于利益相关者了解其对环境、社会、人权和治理等可持续发展问题（sustainability matters）的影响所必需的信息；二是财务重要性，即要求企业披露有助于利益相关者了解可持续发展问题如何影响企业的业务发展、经营业绩和财务状况所必需的信息。

2022 年 4 月，EFRAG 发布第一批共 12 个准则的征求意见稿，并广泛向各方征求意见，截止日期为 2022 年 8 月 8 日。根据征求意见修改完善后，于 2022 年 11 月 22 日，EFRAG 将 12 个 ESRS 提交给欧盟委员会审批。审批的 12 个 ESRS 中，除《ESRS 1：一般要求》、《ESRS 2：一般披露》外，还包含 10 个可持续主题标准，其中与环境议题相关的有 5 个，第一个就是《气候变化》，可见其重要性，详见表 5 - 2。

表 5 - 2　EFRAG 制定的第一批 ESRS

序号	准则编号	准则名称
1	ESRS 1	一般要求（General Requirements）
2	ESRS 2	一般披露（General Disclosures）
3	ESRS E1	气候变化（Climate Change）
4	ESRS E2	污染（Pollution）
5	ESRS E3	水和海洋资源（Water and Marine Resources）
6	ESRS E4	生物多样性和生态系统（Biodiversity and Ecosystems）
7	ESRS E5	资源利用和循环经济（Resource Use and Circular Economy）
8	ESRS S1	自有劳动力（Own Workforce）
9	ESRS S2	价值链中的工人（Workers in the Value Chain）
10	ESRS S3	受影响的社区（Affected Communities）
11	ESRS S4	消费者和终端用户（Consumers and End Users）
12	ESRS G1	商业操守（Business Conduct）

2023 年 7 月 31 日，欧盟委员会（EC）正式发布了第一批欧洲可持续发展报告准则（ESRS），共 12 个。

（二） ESRS E1 的披露要求[①]

与气候变化相关的治理、战略、IRO（影响、风险和机遇）管理、指标和目标的披露要求应当遵循《ESRS 2：一般披露》的第二章（治理）、第三章（战略）和第四章（IRO 管理）的规定，并与 ESRS E1 提出的其他披露要求在可持续发展说明书中一起列示。

1. 治理

根据《ESRS 2：一般披露》中 GOV－3 "将可持续发展业绩融入激励方案" 相关披露要求，企业应披露行政、管理和监督机构成员的薪酬体系是否考虑气候相关因素以及如何考虑气候相关因素，具体包括是否按温室气体减排目标评价他们的业绩、当期确认的薪酬中与气候相关的百分比，同时，还要解释考虑气候相关因素的薪酬包括哪些内容。

2. 战略

（1）披露要求 E1－1：气候变化减缓的转型计划。

企业应披露其针对气候变化减缓的转型计划。该项披露要求的目标是便于使用者了解企业过去、现在和将来为了确保其战略和商业模式与向可持续发展经济转型、与《巴黎协定》将全球气温上升控制在 1.5℃以内，以及在 2025 年实现碳中和目标相一致所做出的减缓努力。企业披露的转型计划信息应包括：①参考温室气体减排目标，解释企业的目标如何与《巴黎协定》规定的全球 1.5℃控温目标相一致；②参考温室气体减排目标与气候变化减缓行动，解释已确定的脱碳工具和已计划的关键行动，包括改变企业产品和服务组合、在自身经营活动或上下游价值链采用新技术；③参考气候变化减缓行动，解释并量化用于支持转型计划的投资和融资，说明与欧盟分类法相一致的资本支出和资本支出计划中的关键业绩指标；④定性评估企业关键资产和产品锁定的温室气体排放（Locked-in GHG Emissions），并解释这些锁定排放是否以及如何危及企业的温室气体减排目标、增加转型风险，若适用，还应解释企业管理温室气体密集型和能源密集型资产和产品的计划；⑤对于经济活动被欧盟分类法关于气候适应或减缓授权条例所覆盖的企业，解释为了使其经济活动（营业收入、资本支出、经营支出）与第 2021/2139 号授权条例规定的标准保持一致而制定的目标或计划；⑥若适用，披露报告期投资于煤炭、石油和天然气相关经济活动的资本支出金额；⑦披露企业是否被排除在欧盟旨在与《巴黎协定》相一致的气候基准条例之外；⑧解释转型计划如何嵌入并与企业总体业务战略和融资计划相一致；⑨转型计划是否经过行政、管理和监督机构批准；⑩解释企业执行转型计划的进展情况。企业如果还没有准备好转型计划，应指出这一事实，并说明将在什么时候采用转型计划。

（2）根据《ESRS 2：一般披露》中 SBM－3 "重要性影响、风险与机遇以及与战略和商业模式的相互作用" 相关的披露要求。

[①] 黄世忠，叶丰莹. 欧洲可持续发展报告准则解读：《气候变化》准则 [J]. 财会月刊，2023（23）：3－9.

企业应解释已识别的每个重要气候相关风险，并说明企业将这种风险视为气候相关物理风险还是气候相关转型风险。企业应描述其战略和商业模式对气候变化的适应性，包括：①适应性分析（Resilience Analysis）的范围；②如何以及何时开展适应性分析，并参考《ESRS 2：一般披露》要求 IRO-1 及相关应用要求段落，披露使用的气候情景分析；③适应性分析的结果，包括使用情景分析的结果。

3. IRO 管理

（1）根据《ESRS 2：一般披露》IRO-1 相关的披露要求，描述用于识别和评估重要气候相关 IRO 的流程。

企业应描述用于识别和评估重要气候相关 IRO 的流程，包括与以下事项相关的流程：①识别和评估气候变化的影响，特别是企业温室气体排放的影响；②识别和评估企业自身经营活动和上下游价值链活动的气候相关物理风险，特别是识别气候相关危害（至少应考虑高排放的气候情景）并评估资产和业务活动对这些气候相关危害（已对企业造成物理风险）的风险暴露和敏感性，评估时可考虑危害的可能性、规模和持续时长，以及企业经营活动和供应链的地理坐标；③识别和评估自身经营活动和上下游价值链活动的气候相关转型风险和机遇，特别是识别气候相关转型风险事件（至少应考虑一个与全球 1.5℃ 控温目标相一致的气候情景）并评估资产和业务活动对这些气候相关事件（已对企业造成转型风险）的风险暴露和敏感性，评估时可考虑事件的可能性、规模和持续时长。披露上述信息时，企业应解释其如何运用气候情景分析（包括气候情景的范围）为识别和评估短期、中期、长期的物理风险与转型风险以及机遇提供依据。

（2）根据 E1-2，描述与气候变化减缓和适应相关的政策。

企业应描述其采取的管理重要 IRO 的气候变化减缓和适应政策。该项披露要求的目标是便于使用者了解企业的减缓和适应政策在多大程度上涵盖了重要 IRO 的识别、评估、管理和修复，披露应包括企业已付诸实施的政策，且这些政策必须根据《ESRS 2：一般披露》中 MDR-P"管理重要可持续发展问题所采取的政策"的要求进行披露。企业应说明其政策是否解决了以下领域的问题：①气候变化减缓；②气候变化适应；③能源效率；④可再生能源部署；⑤其他。

（3）根据 E1-3：描述与气候变化政策相关的行动和资源。

企业应披露气候变化减缓和适应行动以及为采取这些行动而配置的资源。该项披露要求的目标是便于使用者了解企业为实现气候相关政策的目的和目标已经采取和计划采取的关键行动。对与气候变化减缓和适应相关的行动和资源的描述，应当遵循《ESRS 2：一般披露》中 MDR-A"与重要可持续发展问题相关的行动和资源"所提出的原则。除此之外，企业还应：①在列示报告期间已经采取和未来期间计划采取的关键行动时，按脱碳工具（包括基于自然的解决方案）列报气候变化减缓行动；②在描述气候变化减缓行动的结果时，应包括已实现和预期实现的温室气体减排情况；③将已经采取和计划采取的行动所要求的资本支出和经营支出的重大金额与财务报表行项目或附注、欧盟第 2021/2178 号授权条例要求的关键业绩指标，以及该条例所要求的资本支出计划联系在一起。

4. 指标和目标

（1）披露要求 E1-4：与气候变化减缓和适应相关的目标。

企业应披露其制定的气候相关目标。这项披露要求的目的是便于使用者了解企业为支持其气候变化的减缓和适应政策以及处理重要的气候相关 IRO 而制定的目标。ESRS E1 还要求企业披露其是否以及如何制定用于管理重要气候相关 IRO 的温室气体减排目标，诸如可再生能源部署、能源效率、气候变化适应性、物理和转型风险减缓等方面的目标。如果企业已经制定了温室气体减排目标，应按如下规则披露：①温室气体减排目标按绝对值（按吨二氧化碳当量或基年排放的百分比）披露，如相关，还应按强度值披露。②温室气体减排目标应按范围一、范围二和范围三披露（分别或合并披露）。如果合并披露温室气体减排目标，企业应说明减排目标包括哪些排放范围、各个排放范围的减排比例和数量。企业还应解释如何确保这些目标与其温室气体盘查边界保持一致。此外，温室气体减排目标应是针对总排放的减排目标，不应包括以碳移除（Carbon Removal）、碳信用（Carbon Credits）或避免排放等手段实现的温室气体减排目标。③企业应披露现行的基年和基准值，并从 2030 年后每五年对其温室气体减排目标的基年设定加以更新。企业还可披露在现有基年前减排目标的实现进度，前提是这些信息与 ESRS E1 的要求相一致。④温室气体减排目标至少应包括 2030 年的目标值，若可能，还应包括 2050 年的目标值。从 2030 年起，目标值应每五年重新确定。⑤企业应说明温室气体减排目标是否以科学为基础且与全球 1.5℃控温目标相匹配。企业应说明确定这些目标采用了哪些框架和方法，包括是否利用行业减碳路径推导目标，以什么样的气候和政策情景为基础制定目标，以及目标是否经过外部鉴证。作为制定温室气体减排目标关键假设的一部分，企业还应解释其如何考虑未来发展情况（如销售量变化、客户偏好和需求改变、立法因素和新技术等），以及这些发展情况如何影响其温室气体排放和温室气体减排。⑥企业应描述其预期的脱碳工具及其对实现温室气体减排目标的整体贡献（如能源或材料效率及其消耗减少、燃料改变、可再生能源使用、产品和流程的淘汰或替代等）。

（2）披露要求 E1-5：能源消耗和结构。

企业应披露有关能源消耗和结构的信息。这项披露要求的目标是便于使用者了解企业按绝对值表述的能源消耗总量，能源效率改善、对煤炭和石油天然气相关活动的风险暴露，以及可再生能源在总体能源结构中的比例。企业应披露与其自身经营活动相关的按兆瓦时表示的能源消耗总量，并分解为：①来自化石能源的能源消耗总量；②来自核能的能源消耗总量；③来自可再生能源的能源消耗总量，可进一步分解为包括生物质能燃料、生物燃料、生物气体、可再生氢能在内的可再生能源的燃料消耗，外购的可再生电力、热能、蒸汽以及自造的非燃料可再生能源消耗。在高气候影响行业开展经营业务的企业，还应将其能源消耗总量分解为：来自煤炭和煤炭产品的能源消耗，来自原油和石油产品的能源消耗，来自天然气的能源消耗，来自其他化石能源的能源消耗，外购的来自化石能源的电力、热气、蒸汽或冷气的能源消耗。此外，在适用的情况下，企业应按兆瓦时对非可再生能源和可再生能源的生产进行分解和披露。

（3）基于净收入的能源强度。

企业应披露与高气候影响行业经营活动有关的能源强度（单位营业收入的能源消耗总量）信息，其中的能源消耗总量和营业收入只包括高气候影响行业的活动。企业应对计算上述能源强度所使用的高气候影响行业进行具体说明，并应披露能源强度与财务报表中来自高气候影响行业活动的相关净收入行项目或附注之间的调节。

披露要求 E1-6：范围一、范围二和范围三的排放量和温室气体总排放量。企业应按吨二氧化碳当量披露其范围一的总排放量、范围二的总排放量、范围三的总排放量以及温室气体排放总量。披露范围一总排放量的目的是便于使用者了解企业对气候变化的直接影响以及范围一总排放量占受排放交易机制管制的温室气体排放总量的比例。披露范围二总排放量的目的是便于使用者了解企业能源消耗对气候变化的间接影响，不论能源是外购还是以其他方式获取的。披露范围三总排放量的目的是便于使用者了解企业在范围一和范围二之外的上下游价值链发生的温室气体排放。对许多企业而言，范围三总排放量可能是其温室气体排放总量的主要构成，是转型风险的重要驱动因素。披露温室气体排放总量的目的是便于使用者整体了解企业的温室气体排放情况，以及这些排放是发生在其自身经营活动还是发生在上下游价值链。披露温室气体排放总量是根据企业气候相关目标和欧盟政策目标计量温室气体减排进度的前提条件。披露上述温室气体排放信息时，企业应参考 ESRS 1 的相关规定。原则上说，企业的联营企业或合营企业的温室气体排放数据是上下游价值链排放的一部分，且不局限于企业所持有的权益比例。对于联营企业、合营企业、非合并子公司（投资性主体）以及共同经营（如共同控制的项目和资产），企业应按照经营控制法将其温室气体排放包括在内。在报告主体构成情况和上下游价值链的界定发生重大变动的情况下，企业应披露这些变动并解释其对不同年度报告的温室气体排放可比性的影响（如对当期与前期温室气体排放可比性的影响）。对范围一总排放量的披露应包括：按吨二氧化碳当量列示的范围一总排放量；范围一总排放量受排放交易机制管制的百分比。对范围二总排放量的披露应包括：按吨二氧化碳当量列示的基于地点法的范围二总排放量；按吨二氧化碳当量列示的基于市场法的范围二总排放量。按上述要求披露范围一和范围二总排放量时，企业应将这些信息进一步分解为：合并会计主体（包括母公司和子公司）的排放；未全部纳入合并财务报表的被投资企业（如联营企业、合营企业、非合并子公司以及共同经营）的排放。对范围三总排放量的披露应包括按吨二氧化碳当量列示的每个重要范围三类别（如企业优先考虑的范围三类别）的温室气体排放。企业披露的温室气体排放总量应等于范围一、范围二和范围三总排放量的和。温室气体排放总量还应分解为基于范围二地点法和市场法的温室气体排放总量。

（4）基于净收入的温室气体强度。

企业应披露其温室气体排放强度，即按吨二氧化碳当量列示的每单位净营业收入的温室气体排放总量，其中净营业收入应能与财务报表相关行项目和附注中的净营业收入金额相互调节。

披露要求 E1-7：温室气体移除和通过碳信用融通的温室气体减缓项目。企业应披露：①来自其自身经营活动的温室气体移除和封存项目或对上下游价值链作出贡献的温室气体移除和封存项目移除或封存的温室气体，按吨二氧化碳当量列示；②在价值链之外，其通过或有意通过购买碳信用予以融通的气候减缓项目减少或移除的温室气体排放量。这项披露要求的目的是便于使用者了解：企业从大气层中永久移除或积极支持从大气层中移除温室气体以实现净零排放目标的行动；企业已经从自愿性市场购买或有意购买的用于支持其净零排放目标的碳信用规模和质量。关于温室气体移除和封存的披露若适用，应包括：①按吨二氧化碳当量列示的温室气体移除和封存的总量，按企业自身经营活动和上下游价值链活动对移除和封存的总量进行分解和披露，按移除活动进一步细分；②企业所采用的计算假设、方法和框架。

关于碳信用的披露若适用，应包括：①报告期在企业价值链之外经公认的质量标准验证和抵消的按吨二氧化碳当量列示的碳信用总量；②拟在未来期间抵消的企业价值链之外的按吨二氧化碳当量列示的碳信用总量，不论是否对其已有合同安排。在披露总的温室气体减排目标之外还披露净零排放目标的情况下，企业应解释净零排放目标的范围、方法和框架以及剩余温室气体排放如何予以中和，如移除自身经营活动和上下游价值链的排放。在企业公开声称利用碳信用实现碳中和的情况下，应解释：①所声称的碳中和是否以及如何与温室气体减排目标相配套；②所声称的碳中和以及对碳信用的依赖是否以及如何既不妨碍也不减轻温室气体减排目标（若适用，也可以是净零排放目标）的实现；③所用的碳信用的可行度和完整度，包括所参考的公认质量标准。

披露要求 E1-8：内部碳定价。企业应披露是否采用内部碳定价计划，若采用，应说明这些计划如何支持其决策以及激励气候相关政策和目标的执行。披露的信息应包括：①内部碳定价计划的种类，如应用于资本支出或研究开发投资决策的影子价格、内部碳费用或内部碳基金。②碳定价的具体应用范围，如活动、地理区域和主体等。③各类型计划所采用的碳价格以及确定碳价格的关键假设，包括所采用碳价格的来源以及选择这些碳价格的原因。企业可披露碳价格的计算方法，包括在多大程度上使用科学的指引以及这些方法的未来发展如何与科学的碳定价轨迹相联系。④当年大概有多少范围一、范围二和范围三（若适用）温室气体排放量（按吨二氧化碳当量列示）被这些碳定价计划所覆盖，以及碳定价计划所覆盖的各个范围的排放量占各个范围温室气体总排放量的比例。

披露要求 E1-9：重要物理风险和转型风险及潜在气候相关机遇的预期财务影响。企业应披露：①重要物理风险的预期财务影响；②重要转型风险的预期财务影响；③重要气候相关机遇的潜在收益。这些信息是对 ESRS 2 中 SBM‒3 所要求的当期财务影响信息的补充。要求披露重要物理风险和转型风险的预期财务影响，其目的是便于使用者了解这些风险如何对（或预期会对）企业短期、中期和长期的财务状况、财务业绩及现金流量产生影响。企业应利用适应性分析所采用的情景分析的结果，评估重要物理风险和转型风险的预期财务影响。要求披露追求重大气候相关机遇的潜力，其目的是便于使用者了解企业如何从重要的气候相关机遇获取财务利益，这项披露要求与欧盟第 2021/2178 号授权条例的关键业绩指标相互补充。

企业应披露的重要物理风险的预期财务影响包括：①考虑气候变化适应行动之前，短期、中期和长期遭受重要物理风险的资产金额和比例，这些资产金额还应按急性风险和慢性风险进行分解；②气候变化适应行动处理的遭受重要物理风险的资产比例；③遭受重要物理风险的重大资产所处的位置；④短期、中期和长期遭受重要物理风险的业务活动净收入金额和比例。

企业应披露的重要转型风险的预期财务影响包括：①考虑气候减缓行动之前，短期、中期和长期遭受重要转型风险的资产金额和比例；②气候减缓行动处理的遭受重要转型风险的资产比例；③按能源效率类型分解的企业不动产账面价值；④财务报表短期、中期和长期可能将会确认的负债；⑤短期、中期和长期遭受重要转型风险的业务活动净收入（包括来自从事煤炭、石油和天然气相关活动的企业客户的净收入）金额和比例。企业应披露下列事项与财务报表相关行项目或报表附注相调节的信息：①遭受重要物理风险的重大资产和净收入金额；②遭受重要转型风险的重大资产、负债和净收入金额。

披露追求气候相关机遇的潜力时，企业应考虑：①气候变化减缓和适应行动的预期成本节约；②低碳产品和服务或适应方案的潜在市场规模或净收入预期变动。来自机遇的量化财务影响如不符合 ESRS 1 附录 B 提出的有用信息质量特征，企业可不必披露。

三　全球环境信息研究中心

（一）CDP 简介

全球环境信息研究中心成立于 2000 年，是一家非政府的国际非营利性组织，由一些国家政府、企业、基金会及其他机构共同资助。其前身是碳披露项目（Carbon Disclosure Project，简称 CDP）总部设在英国伦敦，在北京、纽约、柏林、巴黎、圣保罗、斯德哥尔摩和东京等地设有办事处。CDP 致力于为决策者、投资者、采购企业提供全球统一标准的环境影响信息，通过投资者和买家的力量，激励企业披露和管理其环境影响，致力于推动企业和政府减少温室气体排放，保护水资源和森林资源。

2022 年，全球超过 1.8 万家、占全球市值一半以上的企业及 1 100 多个城市、州和地区通过 CDP 平台披露了其环境影响数据。CDP 披露框架与 TCFD 要求相一致，CDP 评分被广泛用于投资和采购决策，助力零碳、可持续和有活力的经济发展。2022 年 CDP 全球和中国企业披露数量继续高速增长，年增长率超 40%，其中参与 CDP 披露的中国（含港澳台地区）企业达 2 700 多家，较 2021 年增长 43%。

CDP 评分被广泛用于投资和采购决策，助力零碳、可持续和有活力的经济发展。道琼斯可持续发展指数（DJSI）、彭博（Bloomberg）、明晟（MSCI）ESG 等指数和智库及研究机构广泛采用 CDP 的数据和研究。

2012 年，CDP 进入中国，致力于为中国企业提供一个统一的环境信息平台。2022 年中国（含港澳台地区）参与 CDP 环境信息披露的企业数量超过 2 700 家，创下新高。

CDP 的具体工作内容如表 5 – 3 所示。

表 5 – 3　CDP 的工作内容

工作项目	简介	2021 年成果
与政策制定者的沟通交流	通过国际对标、实践案例等研究，为政策制定者、监管机构提供专业建议	与生态环境部和证监会下属研究院、协会等在政策建言、COP 15 活动等方面紧密合作，为发展绿色"一带一路"提供智力支持
企业和供应链项目	对接上市公司，推动并帮助其进行环境信息披露；推动供应链项目在中国落地，支持全球供应链合作伙伴可持续供应链战略实现；支持企业参与国际气候倡议，制定有雄心的气候目标	推动超过 1 800 家供应商企业披露信息；为 60 多家全球供应链合作伙伴提供在中国的供应商培训和研讨会；推出了 CDP 教育平台（cdpeducation-cn. net），提供数字化支持；与超过 50 家中国企业深度探讨参与科学碳目标倡议的技术支持
资本市场项目	与中国金融机构合作，推动上市公司通过 CDP 平台披露相关环境信息，为环境、社会及公司治理（ESG）投资决策提供数据及观点支持	2021 年通过 CDP 披露环境信息的中国上市公司数量实现近 50% 的增长。中国联署投资者达到了 15 家，来自金融机构的推动力日益增强
森林项目	通过与中国食品、日化、农业、贸易等行业的头部企业深度合作，在企业经营和供应商筛选的过程中降低毁林风险，加速推动森林产品相关行业可持续转型	推动 60 余家中国企业通过 CDP 披露森林信息，支持中国企业森林友好采购实践，发布《隐藏的风险：中国金融机构对棕榈油供应链的投融资研究》等报告

2023 年 11 月 8 日，CDP 正式宣布将《国际可持续披露准则第 2 号：气候相关披露》（IFRS S2）纳入 CDP 全球环境信息披露体系。

（二）CDP 气候变化问卷

CDP 通过标准化的问卷系统，以问题形式形成披露指标，驱动企业提高环境行动的透明度、力度及问责度，该系统是目前市场上最全面深入的气候变化信息披露指标体系。CDP 的问卷分为三大主题，分别是关注企业应对气候变化风险并执行减排行动的气候变化问卷、关注企业管理毁林风险并提升大宗农产品可追溯性的森林问卷以及关注企业运营的水安全保障风险及提升水资源使用效率的水问卷。

所有 CDP 企业问卷均有两个版本：完整版和简版。完整版问卷包含与企业相关的所有问题，包括行业特定问题和数据点。简版问卷包含的问题较少，且不包括行业特定问题和数据点。只有符合以下情形之一的公司才能选择完成简版问卷：①首次对问卷进行披露；②非首次对问卷进行回复，但是年收入低于 2.5 亿欧元/美元。对于年收入低于 2.5 亿欧元/美元的非首次回复者，根据组织的潜在或现有环境影响，CDP 保留取消其选择填写简版调查问卷的选项。否则，企业必须选择完整版。

CDP 气候变化问卷经历了多年的迭代更新，至 2022 年涵盖的相关行业如下：①农业：农业商品（AC），食品、饮料和烟草（FB），造纸和林业（PF）；②能源：煤炭（CO），电力（EU），石油和天然气（OG）；③金融：金融服务（FS）；④材料：水泥（CE）、资本货物（CG），化工（CH），建筑业（CN），金属和采矿（MM），房地产（RE），钢铁（ST）；（5）运输：运输服务（TS），运输原始设备制造商（TO）。

2022 年的气候变化调查问卷中，包括了从简介到签核在内的 17 个模块，另外还有一个模块只向回复一个或多个 CDP 供应链合作伙伴的客户请求的组织展示。CDP 一般气候变化调查问卷包括以下内容：治理、风险和机遇、商业战略、目标和绩效、排放方式、排放数据、能源、附加指标、核证、碳定价、参与、生物多样性。CDP 气候变化问卷与 TCFD 建议的对应关系详见表 5 - 4。

表 5 - 4　CDP 气候变化问卷与 TCFD 建议对应关系

维度	TCFD 建议	CDP 气候变化问卷
治理	①描述董事会对气候相关风险和机遇的监督 ②描述管理层在评估和管理气候相关风险和机遇方面所起的作用	C1. 1b；C1. 2；C1. 2a
战略	①描述组织在短期、中期和长期识别的气候相关风险和机遇 ②描述气候相关风险和机遇对组织业务、战略和财务规划的影响 ③说明组织战略的韧性，需考虑到不同的气候相关情景，包括 2℃ 的情景或更低的情景。	C2. 1a；C2. 3；C2. 3a；C2. 4；C2. 4a；C3. 1；C3. 2；C3. 2a；C3. 2b；C3. 3；C3. 4；C - FS3. 7；C - FS3. 7a

（续上表）

维度	TCFD 建议	CDP 气候变化问卷
风险管理	①描述组织识别和评估气候相关风险的流程 ②描述组织管理气候相关风险的流程 ③描述组织如何将识别、评估和管理气候相关风险的流程纳入全面风险管理中	C2.1；C2.2；C2.2a；C－FS2.2b；C－FS2.2c；C－FS2.2d；C－FS2.2e
指标和目标	①披露组织根据其战略和风险管理流程用于评估气候相关风险和机遇的指标 ②披露直接排放（范围一）、间接排放（范围二）、其他间接排放（范围三）（如需）的温室气体（GHG）排放及相关风险	C4.1；C4.1a；C4.1b；C－FS4.1d；C4.2；C4.2a；C4.2b；C6.1；C6.3；C6.5；C6.5a；C9.1；C－FS14.0；C－FS14.1；C－FS14.1a；C－FS14.1b；C－FS14.1c

数据来源：2022 年中国企业 CDP 披露情况报告。

（三）CDP 问卷评分体系

除问卷外，CDP 还制定了公开的评分体系，旨在评价组织在应对气候变化行动、气候风险管理方面的透明、完善和先进程度。为此，CDP 为每份问卷制定了详细的评分方法，包括每个评级的基础分数、得分权重等。

CDP 问卷的评分工作由经过培训且官方认可的第三方合作伙伴完成，CDP 内部评分团队协调整理所有评分结果，并进行检查以确定是否符合 CDP 评分方法学。参与披露的企业将在全球范围内与同行业公司比较并获得评级，CDP 的评级分为四级，由低到高依次为：披露等级 D－及 D；认知等级 C－及 C；管理等级 B－及 B；领导力等级 A－及 A。这四个等级反映了企业在环境信息管理方面提升的过程。

CDP 的问卷强调自愿、公开、透明的原则，所有问卷的方法学均在其官网公示，向公众免费开放；并在每年进行迭代、更新。另外，企业可将年度评分通过 CDP 平台分享给发出邀请的投资者和采购客户，亦可自主选择是否在 CDP 官方网站上公示。每年连续公开披露环境数据可以帮助企业提高声誉，行动先于市场监管要求，增强竞争优势，识别环境风险和机遇，跟踪和衡量进展，并降低融资成本。研究表明，在环境指标上得分更高的企业，其财务表现更加良好。在过去的 8 年中，基于 CDP A 级企业名单编制的"斯托克全球气候变化领导者指数"（Stoxx Global Climate Change Leaders Index 1）的平均年收益比其同类指数高出 5.8%。

第二节　中国碳信息披露制度

关于碳信息披露，中国政府一直在积极推进。各部委和交易所等部门与机构相继发布了相关披露制度与要求。

一 各部委发布的相关制度与要求

2019 年 12 月，财政部印发《碳排放权交易有关会计处理暂行规定》，明确了重点排放企业在财务报表中列示和披露的内容。（详见前文表 4 - 3）

2021 年 5 月，生态环境部印发《环境信息依法披露制度改革方案》，系统谋划了中国未来 5 年企业环境信息依法披露制度建设的路线图，确定了环境信息依法披露制度改革的总体思路和重点任务，有助于强化企业生态环境责任，提升企业现代环境治理水平，充分发挥社会监督作用，是我国生态文明制度体系建设的重大进展。主要目标是到 2025 年，环境信息强制性披露制度基本形成，企业依法按时、如实披露环境信息，多方协作共管机制有效运行，监督处罚措施严格执行，法治建设不断完善，技术规范体系支撑有力，社会公众参与度明显上升。

2021 年 12 月，生态环境部印发《企业环境信息依法披露管理办法》，进一步规范、落实了披露主体、内容和程序，统一了披露平台，明晰了监管责任。其中第十二条的第四款中明确规定企业年度环境信息依法披露报告应当包括碳排放信息，即排放量、排放设施等方面的信息。

2022 年 1 月，生态环境部印发《企业环境信息依法披露格式准则》，其中的第二章"年度报告"第六节"碳排放信息"第十九条明确规定：纳入碳排放权交易市场配额管理的温室气体重点排放单位应当披露碳排放相关信息：①年度碳实际排放量及上一年度实际排放量；②配额清缴情况；③依据温室气体排放核算与报告标准或技术规范，披露排放设施、核算方法等信息。

2021 年 2 月，中国证监会发布《上市公司投资者关系管理指引（征求意见稿）》，明确上市公司与投资者沟通的内容应包括公司的环境保护、社会责任和公司治理信息；并于 6 月更新了上市公司年报半年报版式的修订要求，较以往新增了独立章节"环境和社会责任"，专门对重点排污单位环境信息披露内容作出规定，并鼓励公司披露有利于保护生态、防治污染和履行环境责任等信息，以及为减少其碳排放所采取的措施及效果。

2021 年 7 月，中国人民银行发布《金融机构环境信息披露指南》，其中也纳入了气候变化因素。深圳证券交易所和上海证券交易所于近期修订、整合了此前的一系列相关政策法规，对上市公司 ESG 披露内容、履行情况、助力碳达峰碳中和目标的行动情况等做出新的规定。此外，上海证券交易所于 2022 年 1 月向科创 50 成分股公司下发邮件，强调披露本次年报的同时需披露 ESG 报告。

二 交易所发布的相关指引

2021 年 11 月，香港交易及结算所有限公司（简称香港交易所）发布《气候披露指引》，具体内容由引言、管治架构、制定气候情境、识别气候相关风险并对其进行排序、将业务与重大风险对应、选定参数、指标与目标、制定气候行动计划、财务影响评估以及将气候相关风险纳入业务策略等部分构成。该指引旨在为促进上市公司遵守 TCFD 建议提供实用指引。早在 2020 年 7 月，香港交易所就在修订《环境、社会及管治汇报指引》时加入 TCFD 建议的内容。2020 年 12 月，绿色和可持续金融跨机构督导小组宣布，符合 TCFD 建议的气候相关信息披露将不迟于 2025 年在相关行业强制实施。2021 年 7 月，督导小组也表明支持采纳 ISSB 日后制定的标准。

整体而言，中国的碳信息披露制度日趋完善，碳信息透明度也在不断提高，力助"双碳"目标的实现。

⟫ 本章小结 ⟪

本章包括国际组织的碳信息披露框架和中国碳信息披露制度两个部分。

国际组织的碳信息披露框架部分主要介绍了《国际财务报告可持续披露准则第 2 号：气候相关披露》、《ESRS E1：气候变化》以及 CDP 气候变化问卷等对碳信息的披露要求。

中国碳信息披露制度部分主要介绍了各部委发布的相关碳信息披露制度与要求，如 2019 年 12 月财政部印发的《碳排放权交易有关会计处理暂行规定》、2021 年 12 月生态环境部印发的《企业环境信息依法披露管理办法》，2022 年 1 月生态环境部印发的《企业环境信息依法披露格式准则》等对碳信息披露的要求。同时还介绍了香港交易及结算所有限公司发布的《气候披露指引》。整体而言，中国的碳信息披露制度日趋完善，碳信息透明度也在不断提高，但还需建立一个统一的披露框架。

◆》思考与业务题《◆

1. IFRS 基金会为什么成立国际可持续发展准则理事会？
2. 简述《IFRS S2：气候相关披露》对碳信息披露的要求。
3. 简述《ESRS E1：气候变化》对碳信息披露的要求。
4. 简述 CDP 气候变化问卷体系的主要内容。
5. 简述目前中国碳信息披露的相关要求。

◆》参考文献《◆

［1］洪鸳肖. 欧盟碳交易机制研究［J］. 现代商贸工业，2018，49（22）：41-42.

［2］孟早明，葛兴安，等. 中国碳排放权交易实务［M］. 北京：化学工业出版社，2022.

［3］聂力. 我国碳排放权交易博弈分析［D］. 北京：首都经济贸易大学，2013.

［4］唐人虎，陈志斌，等. 中国碳排放权交易市场：从原理到实践［M］. 北京：电子工业出版社，2022.

［5］屠绍光，王德全，等. 可持续信息披露标准及应用研究：全球趋势与中国实践［M］. 北京：中国金融出版社，2022.

［6］张彩平. 碳排放权交易会计研究［M］. 北京：经济科学出版社，2013.

［7］CDP. 2021 年中国企业 CDP 披露情况报告［R］. 北京：CDP 中国，2022.

［8］EUROPEAN COMMISSION. Report on the functioning of the European carbon market［R］. Brussels：European Commission，2018.

［9］ICAP. Emissions trading worldwide：status report 2019［R］. Berlin：ICAP，2019.

［10］LEINING C，KERR S. A guide to the New Zealand emissions trading schemes［Z］. Wellington：Motu Economic and Public Policy Research，2018.

［11］Ministry for the Environment 官网 https：//environment. govt. nz/.

第三编　碳管理会计

> "如果你无法度量，就无法管理。"
>
> ——管理学大师彼得·德鲁克

在国际应对气候变化行动和国家"双碳"目标的驱动下，企业面临着低碳转型的压力，碳管理作为企业实践的一个重要话题被广泛关注。在会计学领域，碳管理会计应运而生。从理论和实践来看，碳管理会计是指运用管理会计的相关知识，将传统会计知识与气候环境因素相结合，以改善企业环境绩效和提高经济绩效为最终目标，针对企业开展的一系列管理实践活动。碳管理会计是气候变化议题与可持续发展理念在会计中新的展现，是管理会计的全新领域。

传统的管理会计体系包括了预算管理、成本管理、绩效评价、风险控制等内容，碳管理会计也应当包括碳预算、碳成本、碳绩效、碳风险管理的知识体系。然而，相较于传统管理会计丰富的学科门类和知识体系，碳管理会计产生和发展的时间相对较短，大部分内容仍在探索中。

信息和数据是管理的基础。与碳排放相关信息的收集、计算、记录、报告和使用问题正逐渐得到业界的关注，也是企业开展碳管理的基础。本编首先关注碳信息的来源问题，接下来基于已生成的碳信息，对碳成本和碳绩效的内容进行介绍。本编主要框架图如下：

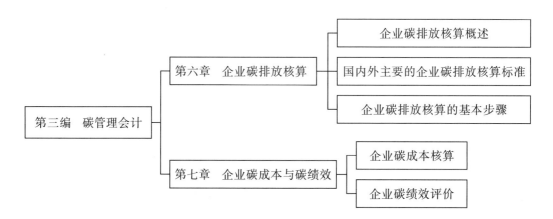

第六章　企业碳排放核算

导入案例

2023 年 2 月 17 日，联想集团发布了 2022 年度《联想集团碳中和行动报告》。报告披露，联想集团温室气体排放总量为 1 235.16 万吨，较基准年减少 23%。联想集团董事长兼 CEO 杨元庆在报告中指出，联想集团将力争提前十年完成碳中和目标，并且通过技术创新输出智能解决方案，赋能千行百业实现碳中和转型。

那么企业是如何获得当前碳排放情况，又是通过何种减排路径实现碳中和目标？通过本章的学习我们将找到上述问题的答案。

第一节　企业碳排放核算概述

一　企业碳排放核算的概念

碳排放核算可追溯至 20 世纪 90 年代，《京都议定书》明确了不同国家、地区、企业等主体的减排责任，但制定减排目标、度量减排成效的前提是要有科学的数据，碳排放核算应运而生。

碳排放核算又称温室气体核算，是指对核算对象边界范围内直接或间接产生的温室气体进行量化的过程①。根据碳排放核算的主体不同，碳排放核算一般包含国家、地区和城市、企业（或组织）、项目和产品四个层面。本书主要关注企业（或组织）层面的碳排放核算，即企业碳排放核算。

企业层面的碳排放核算又称企业温室气体盘查或碳盘查，指根据相关核算标准，对企业所有可能产生的温室气体进行排放源清查与数据收集，以了解企业温室气体排放源、量化收集数据，测算企业温室气体排放量的过程。

碳排放核算是碳减排的第一步，其作用至关重要。只有摸清碳家底，才能制定出合理的碳减排策略，推动企业的减排工作。碳排放核算还可以帮助企业建立碳思维、树立碳管理的理念。

二 企业碳排放核算的对象

碳排放核算中的"碳"是广义的概念，它并不只代表二氧化碳排放量的核算，而是包括所有的温室气体。

温室气体被定义为大气中能够吸收地面反射的长波热辐射，并重新发射辐射的气体，其结果是使得地球表面变得更暖。温室气体的种类有很多，包括水蒸气（H_2O）、二氧化碳（CO_2）、甲烷（CH_4）等。

当前，需要进行核算和管控的温室气体共七种，包括二氧化碳（CO_2）、甲烷（CH_4）、氧化亚氮（N_2O）、氢氟碳化物（HFCs）、全氟碳化物（PFCs）、六氟化硫（SF_6）、三氟化氮（NF_3）。其中前六种是1997年《京都议定书》中规定的，第七种是2012年《〈京都议定书〉多哈修正案》补充的。表6-1列出了温室气体的类型及主要来源。

表6-1 温室气体的类型及主要来源

温室气体中文名称	化学式	主要来源（举例）
二氧化碳	CO_2	化石燃料燃烧
甲烷	CH_4	天然气泄漏、石油煤炭开采、反刍动物、沼气池泄漏
氧化亚氮	N_2O	硝酸生产、肥料、燃料燃烧
氢氟碳化物	HFCs	制冷剂、灭火剂、部分制造业工艺流程

---

① IBM. What is carbon accounting？[EB/OL]. https://www.ibm.com/topics/carbon-accounting.

（续上表）

温室气体中文名称	化学式	主要来源（举例）
全氟碳化物	PFCs	电气设备、制冷剂
六氟化硫	SF_6	变压器绝缘介质
三氟化氮	NF_3	电子工业中的半导体生产、太阳能面板生产

三　企业碳排放核算的基本原则

企业碳排放核算需要遵循以下原则。

（一）相关性

相关性是指企业碳排放核算要恰当地反映其温室气体的排放情况，服务于企业内部和外部用户的决策需要，提供有价值的碳排放信息。相关性的应用体现在排放边界的选择应当反映业务关系的本质和经济状况，而不是企业的法律形式。

根据相关性的要求，企业碳排放核算要选择与目标用户相关的排放源、碳汇、数据及方法，同时也需要考虑企业特点、信息用途等问题。不满足相关性的信息可以不纳入计算。

（二）完整性

完整性是指企业碳排放核算要包含排放边界内所有温室气体，同时要对于任何未计入的排放源及活动做出说明，并明确记录。

考虑到数据缺失和收集成本的问题，完整性原则的一个应用是提出"阈值"的概念，即不超过某一排放标准的排放源可以忽略不计。

在实际核算中，为了应用最低排放核算阈值，就需要量化某一具体排放源的排放量，以确保其在阈值以下。然而，一旦确定了排放量，采用最低阈值也就失去意义了。因此，企业碳排放核算要尽量保持完整，即使低于阈值的碳排放，也应当纳入计算过程。

（三）一致性

一致性要求企业采用一致的碳排放核算方法学。在收集碳排放信息时，一致性要求确保信息在长时间段内保持纵向可比，如排放清单边界确定、核算方法选择、数据计算、估算因素等。一旦上述信息发生了跨期变化，则需要详细记录并做出说明。在可能的情况下，如果新一期的核算方法发生了变化，那么要对跨期数据进行追溯调整，从而保证前后一致。

一致性原则保证了碳排放信息的使用者能够不断跟踪和比较温室气体排放信息，有助于开展绩效评价，识别企业的发展情况。

（四）准确性

准确性是指应尽量保证在可接受的范围内计算出的温室气体排放量不会系统性偏高或偏低，从而减少不确定性。

准确性原则要求企业采取一定的措施以保证核算数据足够精确，对提高温室气体报告的可信度和决策有用性提供依据。

四　企业碳排放核算的目标

企业碳排放核算是进行碳信息披露和实施碳管理的基础，对内外部信息使用者有重要的意义。碳排放核算有如下五个目标：

第一，识别减排机会，实施碳风险管理。企业碳排放核算能够识别与碳排放相关的风险，寻找性价比高的减排机会，设定减排目标，关注碳减排进展情况。

第二，公开报告和参与自愿性温室气体减排计划。碳排放核算使得企业能够自愿向利益相关方报告温室气体排放情况，披露减排目标实现进度，参与政府或非政府组织的温室气体信息披露计划。

第三，参与强制性披露项目。碳排放核算保证企业参与国家、地区或地方层面的政府温室气体信息披露项目。

第四，参与碳交易活动。碳排放核算是碳交易的前提，碳排放核算保证了企业支持内部温室气体交易计划、参与外部总量控制与交易计划、计算碳税等活动。

第五，认可企业早期的自愿减排行动，如为早期的"基准线保护"或碳信用行动提供碳信息。

第二节 国内外主要的企业碳排放核算标准

随着世界主要国家对气候变化的日益重视，国内外不同尺度的碳排放核算工作得到了迅速发展。当前，国际上已经形成了以温室气体核算体系、国际标准等为代表的核算标准，我国统一的碳排放核算标准也在制定过程中。当前已有的碳排放核算标准包含了国家、地区、企业、产品等多个层面，其中与本书最为相关的是企业层面的碳排放核算。本节将重点介绍三个企业碳排放核算标准，包括温室气体核算体系、国际标准化组织碳排放核算标准、我国企业碳排放核算标准。

图 6 - 1 国内外碳排放核算体系构成

一 温室气体核算体系：企业核算与报告标准

世界资源研究所（World Resources Institute，简称 WRI）和世界可持续发展工商理事会（World Business Council for Sustainable Development，简称 WBCSD）自 1998 年起开始制定温室气体排放核算标准体系，该体系主要由一系列相互独立但又相互关联的标准组成，为企业、组织、产品等量化和报告温室气体排放情况提供标准、指南和计算工具，包括：《温室气体核算体系：企业核算与报告标准》（简称《企业标准》）、《温室气体核算体系：企业价值链（范围三）核算与报告标准》（简称《范围三标准》）、《温室气体核算体系：产品生命周期核算和报告标准》（简称《产品标准》）等。

图6-2 《企业标准》与《范围三标准》关系图

作为第一个专门针对企业层面的温室气体核算和报告准则，《企业标准》还涉及计量和报告温室气体排放的相关会计处理问题，并逐渐由企业履行社会责任提升到碳资产管理层面。该标准为企业制作温室气体排放清单提供了指南，对设定组织边界、设定运营边界、跟踪长期排放以及报告温室气体排放量提出了更加明确的要求。国际标准化组织碳排放核算标准及北美气候登记处、英国政府颁布的自愿性报告指南都参考了《企业标准》，本书的一些基本原则和要求亦参考了《企业标准》。

二 国际标准化组织碳排放核算标准

国际标准化组织以《企业标准》为基础制定了企业层面的碳排放核算标准 ISO - 14064，并于2006年发布第一版，2018年和2019年发布修订版，为世界各国开展碳排放核算提供了国际标准和指南。

ISO - 14064 共包括三部分：第一部分是《在组织层面温室气体排放和移除的量化和报告指南》[1]，明确了组织层面的温室气体清单编制的基本原则和要求，包括排放限值、量化分析、质量管理、验证责任等内容；第二部分是《在项目层面温室气体排放减量和移除增量的量化、检测和报告指南》[2]，重点关注了温室气体减排、污染物消除的项目建设，包括检测、量化分析、绩效标准等；第三部分是《有关温室气体声明审定和核证指南》[3]，主要与碳核查的内容相关，旨在为提供高质量数据作保证。

ISO - 14064 增强了企业温室气体排放数据的一致性和公开性，提高了可信度和透明度，并且对于与温室气体相关的数据管理、汇报和验证等问题进行了明确，使企业碳排放核算与报告在全世界得到了统一。

---

① 原文为 Greenhouse gases - Part 1：Specification with guidance at the organization level for quantification and reporting of greenhouse gas emission and removal。
② 原文为 Greenhouse gases - Part 2：Specification with guidance at the project level for quantification, monitoring and reporting of greenhouse gas emission reductions or removal enhancements。
③ 原文为 Greenhouse gases - Part 3：Specification with guidance for the validation and verification of greenhouse gas assertions。

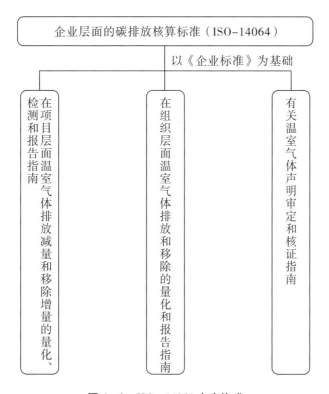

图 6 – 3 ISO – 14064 内容构成

三 我国企业碳排放核算标准

2011 年，国家发展改革委发布《关于开展碳排放权交易试点工作的通知》，同意在北京、天津、上海、重庆、湖北、广东及深圳等省市开展碳排放权交易试点。2013 年，深圳碳排放权交易平台启动，我国碳市场的首单交易出炉，在建立碳交易、推动碳减排方面迈出了关键一步。

为配合碳排放权交易市场的工作，国家发展改革委于 2013 年 10 月、2014 年 12 月和 2015 年 7 月分三批发布了包含发电、电网、钢铁、化工、电解铝、镁冶炼、水泥、陶瓷、民航、石油化工等 24 个行业的企业碳排放核算方法；2022 年 12 月，生态环境部发布了更新版的《企业温室气体排放核算与报告指南—发电设施》。上述企业碳排放核算标准为我国碳排放权交易的试点奠定了基础，上述系列指南被称为"24 + 1"个行业碳排放核算标准。

2015 年 11 月 19 日，国家标准《工业企业温室气体排放核算和报告通则》（GB/T 32150—2015）由中华人民共和国国家质量监督检验检疫总局、中国国家标准化管理委员会发布，并在 2016 年正式实施，成为工业企业碳排放核算的重要依据。

第三节 企业碳排放核算的基本步骤

企业碳排放核算主要包括六个步骤：确定组织边界、确定运营边界、选择核算方法、收集核算数据、选择计算标准、汇总排放数据。

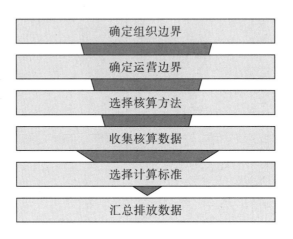

图6-4 企业碳排放核算的步骤

一 确定组织边界

企业在进行温室气体碳排放核算时，首先要确定组织边界，并选取恰当的方法界定集团的合并范围。类比会计中企业合并、合并财务报表的处理，合并范围需要根据企业组织结构、股权比例及其他因素共同判定。当前，共有两种温室气体排放量合并方法可供选择：股权比例法和控制权法。

（一）股权比例法

股权比例反映了企业经济上的利益，是组织从设施上所获取的利益及风险的权益范围总和。采用股权比例法时，企业根据其在碳排放主体中的股权比例核算温室气体排放量。

股权比例能够反映公司的经济利益，即企业对碳排放主体的风险与回报享有的权限。通常情况下，一项业务的经济风险及回报的比例与这家公司在经营中所占的所有权比例是一致的，即股权比例一般等同于所有权比例。

如果股权比例不等同于所有权比例，根据实质重于形式的原则，与国际财务报告准则一致，企业与碳排放主体之间的经济实质关系往往优先于法律上的所有权形式。因此，开展企业碳排放核算时需要企业财务部门和法务部门的人员参与，确保对合营企业采取恰当的股权比例。

（二）控制权法

采用控制权法时，对该组织所控制设施的温室气体排放/减排全部合并记为该组织的排放/减排。如果对某一设施仅拥有收益分配权而无控制权，则不认可该设施的温室气体排放/减排。控制权法具体分为财务控制权与运营控制权。

1. 控制权法的分类

（1）财务控制权。

财务控制权是指如果一家公司对其业务拥有财务控制权，那么这家公司能够直接影响其财务和运营政策，并从其活动中获取经济利益。例如，如果公司享有大多数运营利益的权利，或一家公司持有经营资产所有权的绝大多数风险和回报，则该公司通常被视为拥有财务控制权。

按照财务控制权的标准，公司与碳排放主体之间的经济实质关系优先于法律上的所有权形式，因此即使持股比例不超过50%，企业仍然有可能享有对经营的财务控制权。在评价经济实质时，若与国际财务核算准则相一致，则需要考虑潜在表决权的影响。

（2）运营控制权。

运营控制权主要是指如果一家公司或其子公司有提出和执行一项业务运营政策的完全权力，这家公司便对这项业务享有运营控制权。对于项目或设施排放核算时，运营控制权意味着如果一家公司或其子公司是某个设施的运营商，它就享有提出和执行运营政策的完全权力，因而享有运营控制权。

2. 控制权法的应用

如果两家企业对某 A 企业享有共同财物控制权，这两家企业要根据合同的约定确定是否有权就 A 企业提出和执行运营政策，从而决定是否依据运营控制权报告排放量。如果 A 企业能够自行提出并执行自己的运营政策，对这项业务享有共同财物控制权的合作方不必根据运营控制权报告其任何排放量。

在采用控制权法的情况下，企业对其自身或其子公司持有控制权的业务产生的排放量进行100%合并。由于选择不同的方法确定组织边界时会导致碳排放核算结果的差异，因此在确定组织边界时应考虑：企业碳排放核算所采用的标准[①]、碳交易体系的要求以及与财务报告或企业社会责任报告等相一致的要求。例如，在合资企业中，股东 A 公司采用了股权比例法，股东 B 公司却采用了控制权法，导致碳排放核算结果出现重复计算的问题。这对于单个企业社会责任报告等自愿性的公开报告没有影响，但是在碳交易体系或政府强制减排的报告中是需要避免的。

企业选择组织边界的方法一经确定，不应随意更改。

---

① 企业碳排放可采用的国际标准有《企业标准》和 ISO – 14064。

二 确定运营边界

为了更准确地界定碳排放源，需要对核算对象的运营边界进行界定。理论上，运营边界以企业价值链为基础，包括企业所有与价值创造相关的直接排放和间接排放，有助于企业更好地进行温室气体管理。

为了更加直观地描述企业直接排放和间接排放，碳排放核算的运营边界包括了范围一、范围二、范围三。

（一）范围一排放核算

范围一的温室气体排放是来自公司拥有或控制的资源而产生的直接温室气体排放，是企业一系列经济生产活动的直接结果，又被称为直接能源排放。例如企业燃烧锅炉产生的 CO_2 排放、冶金过程中使用的保护气体 SF_6 的排放、办公楼内灭火器逸散、空调等制冷设施生产导致的逸散等。根据现有分类标准，范围一主要包括四个领域：固定燃烧、移动燃烧、工艺过程、其他无组织排放源。

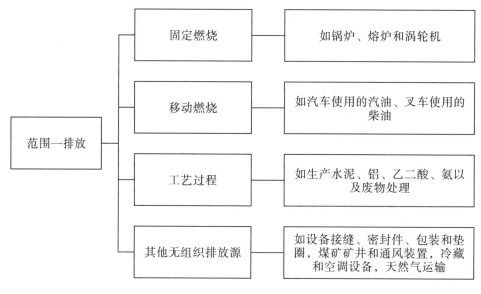

图 6-5 范围一排放

固定燃烧是指来源于固定排放源的燃料燃烧，主要用于生产电力、热力或蒸汽，如锅炉、熔炉和涡轮机等，消耗的燃料有煤、天然气、液化石油气、燃料油等。

移动燃烧是指来自公司拥有或控制的运输工具燃烧排放源，主要用于原料运输、产品运输、员工运输等，如公司的巴士、卡车等，消耗的燃料有汽油、柴油、液化石油气、生物柴油、生物乙醇等。需要指出的是，纯电动汽车和插电式混合动力汽车消耗的电力属于范围二排放，不在范围一中核算。

工艺过程是指来自化学品和原料的生产加工而产生的温室气体排放，如生产水泥、铝、乙二酸、氨以及废物处理。

其他无组织排放源主要包括来自有意或无意的泄漏，如设备接缝、密封件、包装和垫圈的泄漏，煤矿矿井和通风装置排放的甲烷，使用冷藏和空调设备过程中产生的氢氟碳化物排放，天然气运输过程中的甲烷泄漏等。

（二）范围二排放核算

范围二主要是指由公司活动引起，但发生在其他公司拥有或控制的排放源的排放，主要包括为满足企业内部经营活动需要而外购的电力、热力、制冷或压缩空气等二次能源产生的排放，是企业间接碳排放的重要组成部分。对大多数公司而言，外购电力是最大的温室气体排放源之一，也是企业减少碳排放的主要机会。

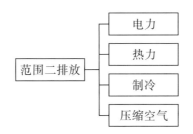

图 6 - 6　范围二排放

（三）范围三排放核算

范围三是指除范围二之外其他所有间接的温室气体排放，主要是企业内部活动引起的，产生于企业外部，但未被范围二包括的其他间接排放。范围三包括企业供应链或价值链上下游产生的所有碳排放，共 15 个类别。

上游产生的排放包括：外购商品和服务、资本商品、燃料和能源相关活动（未包括在范围一和范围二中的部分）、上游输送和配送、运营中产生的废物、商务旅行、雇员通勤、上游租赁资产。

下游产生的排放包括：下游运输和配送、售出产品的加工、售出产品的使用、处理寿命终止的售出产品、下游租赁资产、特许经营权、投资。

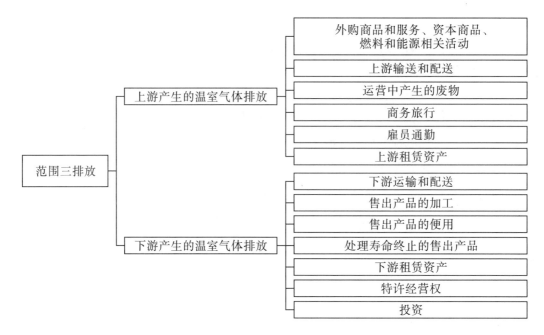

图 6 - 7　范围三排放

范围三排放通常并未强制包含在企业碳排放核算的范围内。是否计量范围三排放需要考虑以下情况：①相较于范围一和范围二，范围三的排放量较大；②主要的利益相关方（客户、供应商、投资人或社会公众）认为范围三排放较为重要；③范围三包含潜在的减排机会并可由组织来掌控。例如，某物流公司在各地的运输都由当地的汽车租赁公司外包，该物流公司的排放主要是范围三排放，应当对其开展碳排放核算。

（四）范围一、范围二、范围三的区别与联系

目前，对于范围一和范围二碳排放核算已经形成了较为成熟的理论体系和操作指南，但范围三涉及范围广、内容多，核算难度较大。《企业标准》规定碳排放核算至少要包括范围一和范围二的内容，范围三是企业可选择报告的内容。

当两家不同的公司将同一排放分别计入各自的排放清单时，核算间接排放会导致重复计算问题。因此，企业碳排放核算的过程要注意：对于拥有共同所有权的不同公司在划定组织边界时，需要考虑选择统一方法（股权比例法或控制权法）。

《企业标准》规定：避免对范围一和范围二排放量的重复核算。如在计算集团排放量时，A 公司范围一排放不能算作 B 公司（A 公司的子公司）范围一排放，这需要在合并排放量时选择相同的股权比例法或控制权法。同时，对于发电自用的企业而言，范围二排放无须重复计算。

为避免重复计算，企业在进行碳排放核算时需注意：范围一和范围二的严格定义；设定组织边界时采用一致的股权比例法或控制权法。

三 选择核算方法

目前，使用范围最广、兼具宏微观特点的碳排放核算方法是由 IPCC 提出的，主要有排放因子法、质量平衡法和实测法三种。

（一）排放因子法

排放因子法（Emission – Factor Approach）是 IPCC 提出的第一种碳排放核算方法，也是目前广泛应用的方法之一。该方法的基本原理是基于"投入—产出"的思想，认为温室气体排放与其能源消耗直接相关。

排放因子法依照温室气体排放清单列表，针对每一种排放源构造其排放水平数据，选择合适的排放因子，以活动水平和排放因子的乘积作为该温室气体排放量的估算值。具体计算公式如下：

某温室气体的碳排放量 = 活动水平（AD）× 排放因子（EF）× 全球变暖潜能值（GWP）

1. 活动水平数据

活动水平数据主要指导致温室气体产生的活动量，如化石燃料的消耗量、净购入电力的电量等。在计算范围一的碳排放时，为使用统一的标准度量活动水平，计算过程中使用了热值的概念，其代表了消耗某种化石燃料而产生的总热量，等于某种化石燃料的消耗量与该种化石燃料的平均低位发热值的乘积。即

活动水平（AD）= 化石燃料消耗量 × 该种化石燃料的平均低位发热值

2. 排放因子数据

排放因子是与活动水平数据对应的系数，包括单位热值含碳量或元素碳含量、氧化率等，表征单位生产或消费活动量的温室气体排放系数。在实际应用过程中，排放因子大多是直接给定的，只需要查表即可，本书附录中也提供了代表性行业企业碳排放核算使用的排放因子。

排放因子（EF）= 化石燃料单位热值含碳量 x 该种化石燃料的碳氧化率 × 转换系数

其中：转换系数表示某物质（A）转换成二氧化碳（CO_2）的系数，一般用相对原子质量的比值代替。以煤炭燃料燃烧为例，使用的转换系数为 44/12，即 CO_2 相对于 C 的相对原子质量。

3. 全球变暖潜能值

全球变暖潜能值（Global Warming Potential）被称为 GWP 值，主要用来表示不同温室气体在不同时间内在大气中的综合影响及其吸收外逸热红外辐射的相对作用，反映了不同温室气体对温室效应影响程度的差异。选用 GWP 值的目的是将不同温室气体排放量折算

到统一单位的排放量的水平下，温室气体核算结果的单位是：吨二氧化碳当量（tCO_2e）。

GWP 是一个相对值，是某种温室气体与 CO_2 的比较值。GWP 值会随着时间的变化而变化，通常以 20 年、100 年、500 年不同温室气体的变化来衡量、计算 GWP 值。

IPCC 组织在其历次报告（AR1 - AR6）中给出了各种温室气体 GWP 值，一般使用 IPCC 报告中 100 年的 GWP 值作为核算标准。表 6 - 2 中，二氧化碳的 GWP 值为 1，甲烷的 GWP 值为 29.8，这意味着 1 吨甲烷在 100 年内对于全球变暖的影响是 1 吨二氧化碳所带来的影响的 29.8 倍。

表 6 - 2　IPCC 第六次报告提供的 GWP 值

种类	大气寿命（年）	GWP - 20	GWP - 100	GWP - 500
CO_2	—	1.000	1.000	1.000
CH_4（化石）	11.8 ± 1.8	82.5 ± 25.8	29.8 ± 11	10.0 ± 3.8
CH_4（非化石）	11.8 ± 1.8	79.7 ± 25.8	27.0 ± 11	7.2 ± 3.8
N_2O	109 + 10	273 + 118	273 + 130	130 ± 64
HFC - 32	5.4 ± 1.1	2 693 + 842	771 ± 292	220 ± 87
HFC - 134a	14.0 ± 2.8	4 144 ± 1 160	1 526 ± 577	436 ± 173
CFC - 11	52.0 ± 10.4	8 321 ± 2 419	6 226 + 229	2 093 ± 865
PFC - 14	50 000	5 301 ± 1 395	7 380 ± 2 430	10 587 ± 3 692

4. 排放因子法的应用条件

排放因子法适用于各个层级、各种主体的碳排放核算，是当前碳排放核算应用最广的方法。在实际碳排放核算中，化石燃料消耗量主要来自国家相关统计数据、排放源普查和调查资料、监测数据等；燃料的平均低位发热值、燃料的单位热值含碳量、燃料的碳氧化率等可以参考系数表，也可以自行构造。

根据排放因子的精确程度，企业碳排放核算有三个层次：层次 1 采用 IPCC 确定的排放因子；层次 2 采用特定国家或地区的排放因子；层次 3 采用具有当地特征的排放因子。

表 6 - 3　排放因子数值获取来源

文献类别	出处	备注
IPCC 指南	IPCC 网站	提供普适性的缺省因子
IPCC 排放因子数据库 （Emission Factors Data Base）	IPCC 网站	提供普适性缺省因子和各国实践工作中采用的数据
国际排放因子数据库： 美国环境保护署（USEPA）	美国环保署网站	提供有用的缺省值或可用于交叉检验

（续上表）

文献类别	出处	备注
EMEP/CORINAIR 排放清单指导手册	欧洲环境机构网站（EEA）	提供有用的缺省值或可用于交叉检验
来自经同行评议的国际或国内杂志的数据	国家参考图书馆、环境类出版社、环境类新闻杂志	较为可靠和有针对性，但可得性和时效性较差
其他具体的研究成果、普查、调查、测量和监测数据	大学等研究机构	需要检验数据的标准性和代表性

资料来源：刘明达，蒙吉军，刘碧寒. 国内外碳排放核算方法研究进展［J］. 热带地理，2014，34（2）：248–258.

目前，我国仍然缺少本地化的排放因子系数表，也缺少对本地化排放因子的认定与鉴定标准。相对而言，IPCC 缺省排放因子可以直接从 IPCC 排放因子数据库中获得，在我国的碳排放核算实践中得到广泛应用。

（二）质量平衡法

质量平衡法（Mass Balance Approach）是近年来提出的一种新方法，又被称为物料衡算法，主要原理是物质守恒定律。在运用此方法时，取一定时期内燃料的碳平均含量和产出产品中的碳平均含量，根据差值计算碳排放量。质量平衡法计算公式如下（以二氧化碳为例）：

$$CO_2 排放 = （原料投入量 \times 原料含碳量 - 产品产出量 \times 产品含碳量$$
$$- 废物输出量 \times 废物含碳量）\times 转换系数$$

在对具体设施和工艺流程计算碳排放量时，使用质量平衡法可以反映碳排放发生地的实际排放量。不仅能够区分各类设施之间的差异，还可以分辨单个和部分设备之间的区别，尤其在当年设备不断更新的情况下，该方法更为简便。实践中，质量平衡法主要应用于范围一工艺过程的碳排放核算，如脱硫过程排放、水泥生产过程等非化石燃料燃烧过程排放。

（三）实测法

实测法是基于排放源的现场实测基础数据进行汇总从而得到相关温室气体排放量，主要是借助连续计量设施测量二氧化碳排放的浓度、流速以及流量，并使用国家认可的测量数据基础来核算二氧化碳排放量的方法。

根据检测方式不同，实测法分两种：现场测量和非现场测量。现场测量一般是在烟气排放连续监测系统（Continuous Emission Monitoring System，简称 CEMS）中搭载碳排放监测模块，通过连续监测浓度和流速直接测量其排放量；非现场测量是通过采集样品送到有关监测部门，使用专门的检测设备和技术进行定量分析。二者相比，由于非现场实测时采样气体会发生吸附反应、解离等问题，现场测量的准确性要明显高于非现场测量。

经济合作与发展组织（Organization for Economic Co-operation and Development，简称OECD）曾指出该方法计算准确、中间环节少，但数据获取相对困难，成本较大。实测法更适用于对排放连续稳定的排放口开展碳排放核算，如火电厂企业废气处理设施的排放口，但目前实测法的应用相对较少。

（四） 三种核算方法的比较

排放因子法计算简单、权威性高、应用广泛、国际通用且适用范围广。但由于能源品质差异、机组燃烧效率不同等原因，各类能源消费统计及碳排放因子测度容易出现较大偏差，同时碳排放因子的不确定性也可能导致结果存在较大差异。

质量平衡法虽然计算结果较为准确、工作量较小，但该方法是基于有完备基础数据记录的统计估算法，存在基础工作量大，在中、宏观碳排放统计时对数据质量要求较高等问题。

实测法虽然计算精准、适用于微观，但由于需要进行单独连续监测，导致成本相当高且监测范围有限、数据获取难。

三种计算方法各有优劣，根据实际情况选取合适的方法或多种方法相结合往往能提高结果的精确性。如学者们[1]在研究中使用实测法结合质量平衡法的方式，从而核算出锅炉房中大气污染物的排放量，二者的结合使核算结果在精度上有较大的提升，获得较好的测算效果。以下就三种方法的固有特性对适用范畴和应用现状等方面做了归纳，见表6-4。

表6-4 碳排放核算方法的比较

类别	优点	缺点	适用尺度	适用对象	应用现状
排放因子法	①简单明确，易于理解；②有成熟的核算公式和活动数据、排放因子数据库；③有大量应用实例参考	对排放系统自身发生变化时的处理能力较质量平衡法要差	宏观中观微观	社会经济排放源变化较为稳定，自然排放源不是很复杂或忽略其内部复杂性的情况	①广为应用；②方法论的认识统一；③结论权威
质量平衡法	明确区分各类设施设备和自然排放源之间的差异	需要纳入考虑范围的排放的中间过程较多，容易出现系统误差，数据获取困难且不具权威性	宏观中观	社会经济发展迅速、排放设备更换频繁、自然排放源复杂的情况	①刚刚兴起；②方法论认识尚不统一；③具体操作方法众多；④结论需讨论

① 曲波，杜怀勤. 环评中锅炉房大气污染源强的确定 [J]. 油气田环境保护，2004（2）：50-52，62.

（续上表）

类别	优点	缺点	适用尺度	适用对象	应用现状
实测法	①中间环节少；②结果准确	数据获取相对困难，投入较大，受到样品采集与处理流程中涉及的样本代表性、测定精度等因素干扰	微观	小区域、简单生产链的碳排放源，或小区域、有能力获取一手检测数据的自然排放源	①应用历史较长；②方法缺陷最小但数据获取最难；③应用范围窄

资料来源：刘明达，蒙吉军，刘碧寒. 国内外碳排放核算方法研究进展［J］. 热带地理，2014，34（2）：248－258.

四　收集核算数据

（一）确认排放源

根据企业的碳排放源情况，直接排放源一般分为固定燃烧、移动燃烧、工艺过程、其他无组织排放源等，即范围一排放；间接排放源包括企业消耗的电力、热力、制冷或压缩空气等，即范围二排放；由于企业自身生产经营活动引起的除范围二以外的其他间接排放，即范围三排放。

表 6 - 5　识别排放源

运营边界	排放源
范围一	固定燃烧、移动燃烧、工艺过程、无组织排放等直接排放源
范围二	外购电力、热力、制冷空气、压缩空气等间接排放源
范围三	产生于企业上下游的间接排放，共15类

1. 识别范围一排放

企业应当识别四类直接排放源。工艺过程排放通常只发生在特定行业，如石油冶炼、天然气生产、铝制品冶炼和水泥制造等。持有或控制发电设施的制造企业，很可能有上述直接排放源。基于办公室工作的企业一般不会直接产生温室气体排放，除非其持有运营车辆、燃烧装置、冷藏和空调设备。

2. 识别范围二排放

范围二排放主要关注外购电力、热力或蒸汽等间接排放源。需要明确的是，几乎所有的企业都是因为在生产经营中消耗外购电力而产生间接排放。

3. 识别范围三排放

通过范围三排放，企业能够根据价值链扩展其排放清单的边界，并识别与企业价值创造全部相关的温室气体排放。根据企业标准的要求，识别范围三排放是选择性步骤，不属于应当披露的范畴。实践中，由于范围三的范围较广，计算难度大，对范围三一般不开展碳排放核算。

（二） 收集活动数据

在收集活动数据时，多数中小企业和相当多的大企业可以按照购买的燃料数量计算出消费量作为计算范围一排放的活动水平数据，计算范围二排放的活动数据主要通过电表显示的用电量、特定供应商供热量或供气量。计算范围三排放的活动水平数据主要使用价值链燃料用量或旅客里程等活动数据。

（三） 选择排放因子

排放因子的选择主要依赖于 IPCC 指南、本地电网等权威机构公布的通用排放因子。如果企业能够获得与具体排放设施相对应的排放因子，应当优先使用这类排放因子而非通用的排放因子。对工业和能源行业的企业而言，可以关注所在行业协会发布的排放因子，如国际铝业协会、国际钢铁协会、国际石油工业环境保护协会、世界可持续发展工商理事会等。

我国的碳排放核算，一般参考"24 + 1"个行业碳排放核算指南中的排放因子，相关排放因子可在其中查询。

五 选择计算标准

（一） 选择计算方法

当前，通过实时检测碳排放浓度和流速直接测量温室气体排放量的方法并不普遍。实践中使用较多的是基于具体设施或工艺流程的质量平衡法或排放因子法，其中应用最普遍的是排放因子法。

企业应当选择适合其报告情况且可行的精确方法。在多数情况下，尤其是无法直接检测或者当直接检测费用过高时，企业根据其燃料消耗情况使用排放因子法可以很容易计算出排放量。少数企业也可以通过定期燃料取样等更精确的方式获取燃料碳含量，利用质量平衡法获得企业的排放量。

（二） 选择计算标准

《企业标准》主要提供了两类计算工具，分别是跨行业工具和特定行业工具。

跨行业工具，可用于不同行业的计算标准。该工具一般用于包括固定燃烧、移动燃烧、用于冷藏与空调设备的氢氟碳化物消耗的总量的计算，以及解决核算结果的不确定性。

特定行业工具，用于计算特定行业的排放量，如炼铝、钢铁、水泥、造纸等。

多数企业需要采用一种以上的计算工具计算全部温室气体排放源的排放量。例如，为了计算炼铝设施的温室气体排放量，企业要采用计算炼铝、固定燃烧（对采购电力、现场生产的能源消耗等）、移动燃烧（用火车运输原料与产品，现场使用车辆，雇员差旅费等）和使用氢氟碳化物（冷藏设备等）计算工具。实践中，如果公司自己的温室气体计算方法比《企业标准》提供的方法更精确或至少与其相当，也可以采用企业自己的计算方法。

六　汇总排放数据

为了报告整个企业的温室气体排放量，通常要收集并处理不同地区、不同工厂、不同业务部门的多处设施数据。在数据收集过程中，企业最好采用标准化的报告格式将内部数据汇总至企业一级，以确保从不同业务单元和设施收集的数据具有可比性，同时确保遵守内部报告规则。标准化的格式可以降低出错的可能性。

汇总温室气体排放量的基本方法有两种：集中法和分散法。

（一）集中法

集中法是指各处设施向企业一级报告活动数据/燃料使用数据，然后在企业一级汇总计算得到温室气体排放数据。该种方法适用于基于办公室工作的机构，其组织结构较为简单，经营模式不复杂，有如下两种情况：

（1）企业或部门一级的职员可以根据活动数据/燃料使用数据直接而简单地计算排放数据；

（2）多处设施均采用相同标准的排放量计算方法。

（二）分散法

分散法是指各处设施收集活动数据/燃料使用数据后直接采用经批准的方法计算各自的温室气体排放量，然后将这些数据报告至企业一级。该种方法适用于组织结构层级较多、业务模式复杂、工业排放占比较大的企业。

分散法要求各处设施自行计算温室气体排放量，有助于增强基层对温室效应的认知与理解。但是这种方法可能引起抵触、增加培训开支和错误率等问题，也需要对计算的结果进行更多核查。在下列情况下，要求各处设施自行计算温室气体排放量可能更为可取：

（1）计算温室气体排放量需要详细了解该设施所使用的设备类型；

（2）多处设施可能适用不同的温室气体核算方法；

（3）能够对操作设施的职员进行计算和审计培训；

（4）企业可以为操作设施的职员提供易用的简化计算和报告工作的工具；

（5）当地法规要求从设施一级报告温室气体排放量。

（三）集中法与分散法的对比与选择

1. 方法对比

集中法和分散法的区别在于排放量在现场还是企业一级计算（在哪一级把活动数据乘以相应的排放因子），以及企业的各个层级必须采用哪种类型的数据质量管理流程。在这两种方法下，通常由设施一级的职员负责手记原始数据。

无论采取哪种方法，企业一级和下属级别的职员都应当注意识别并排除重复核算的排放量。这些排放量被某个设施报告为范围二或范围三的排放，但同时已被该企业其他设施、业务部门或组织报告为范围一的排放。具体如表6-6所示。

表6-6 集中法与分散法的对比

方法	现场一级	企业一级
集中法	活动数据	企业一级计算温室气体排放量： 活动数据 × 排放因子 = 温室气体排放量
分散法	活动数据排放因子 = 温室气体排放量	现场报告温室气体排放量

2. 方法选择

收集方法的选择应当根据报告企业的需求和特点。为最大程度地提高准确性、减轻报告负担，有些企业综合采用两种方法。产生工艺排放的复杂设施在设施一级计算排放量，而有统一排放的标准排放源的设施只报告燃料消耗量、电力消耗和差旅活动数据，然后用企业数据库和报告工具计算各标准活动产生的温室气体排放总量。

两种方法并不相互排斥，反而应当得出相同或相近的结果。因此，为了保持较高的准确性，企业可以同时采用两种方法比较其结果。

企业一级的职员还应当核实各设施报告的数据，确认其是否符合界定准确、前后一致的要求，并由经过批准的排放清单边界、报告期间、计算方法等计算得出。

七 碳排放核算案例

为了能够更全面地掌握碳排放核算的方法，本节以水泥行业为例提供了碳排放核算的案例，案例选自李晋梅等2017年发表在《中国水泥》上的论文。

A水泥企业某年的生产数据见表6-7。

表 6-7 A 水泥企业工艺流程及能耗部分数据

项目名称	数据
生料重量/t	1 003 276
生料中非燃料碳含量/%	0.1
水泥熟料总产量/t	652 061
水泥总产量/t	846 320
P·O 42.5 水泥总产量/t	380 942
P·C 32.5R 水泥总产量/t	465 378
熟料中 CaO 含量/%	66.59
熟料中 MgO 含量/%	0.43
熟料中非碳酸盐形式的 CaO 含量/%	1.02
熟料中非碳酸盐形式的 MgO 含量/%	0.13
旁路粉尘/t	0
窑炉排气筒粉尘总量/t	16.37
熟料烧烟煤用量/t	96 847
柴油用量/t	18
烟煤加权平均低位发热量/(MJ/kg)	20.96
生料制备电力消耗/kWh	17 770 613
熟料煅烧电力消耗/kWh	15 688 848
辅助生产和管理电力消耗/kWh	2 558 992
水泥生产（粉磨、包装发送）的电力消耗量/kWh	28 687 889
利用水泥窑炉余热的发电量/kWh	17 171 401
水泥企业环境大气压/Pa	88 634（不足 1 000m）
熟料 28 天强度/MPa	66.41
P·O 42.5 水泥中熟料的掺量/%	75.80
P·C 32.5R 水泥中熟料的掺量/%	56.70
P·O 42.5 水泥中外购熟料的掺量/t	2 501
P·C 32.5R 水泥中外购熟料的掺量/t	3 457
P·O 42.5R 水泥中外购磨细矿渣粉的掺量/t	49 370
P·C 32.5R 水泥中外购磨细矿渣粉的掺量/t	45 132

注：t 表示吨。

（1）化石燃料燃烧排放。

根据国家发展改革委发布的《中国水泥生产企业温室气体排放核算方法与报告指南（试行）》中提供的排放因子，烟煤的含碳量和氧化率推荐值分别为 0.026 18 tC/GJ 和 98%，柴油的低位发热量、含碳量和氧化率推荐值分别为 42.652 GJ/t、0.020 2 tC/GJ 和 99%，则化石燃料燃烧对应的排放量

= (96 847 × 20.96 × 0.026 18 × 98% + 18 × 42.652 × 0.020 2 × 99%) × 44/12

= 191 017.26 tCO_2

（2）原材料碳酸盐分解排放。

= [(66.59% − 1.02%) × 44/56 + (0.43% − 0.13%) × 44/40] × (652 061 + 0 + 16.37)

= 338 097.46 tCO_2

（3）替代燃料和协同处置的废弃物中非生物质碳的燃烧排放。

= 0 tCO_2

（4）原材料中非燃料碳煅烧排放。

= 1 003 276 × 0.1% × 44/12

= 3 678.68 tCO_2

（5）消耗电力和热力排放。

电网电力排放因子取华中区域电网电力排放因子 0.525 7 tCO_2/MWh，则电力和热力排放的排放量

= (17 770 613 + 15 688 848 + 2 558 992 + 28 687 889 − 17 171 401) × 0.525 7/1 000

= 24 989.12 tCO_2

（6）CO_2 排放总量。

= 191 017.26 + 338 097.46 + 0 + 3 678.68 + 24 989.12

= 557 782.52 tCO_2

本章小结

本章介绍了碳排放核算的相关内容。

第一节是对碳排放核算的基本概述。碳排放核算是对核算对象边界范围内直接或间接产生的温室气体进行量化的过程。碳排放核算遵循相关性原则、完整性原则、一致性原则、准确性原则。碳排放核算的目标旨在识别减排机会，实施碳风险管理，公开报告和参与自愿性温室气体减排计划，参与强制性披露项目，参与碳交易活动，认可企业早期的自愿减排行动。

第二节介绍了当前国内外企业碳排放核算体系。《企业标准》是由世界资源研究所

（WRI）和世界可持续发展工商理事会（WBCSD）制定的，是目前应用较为广泛的一种方法，为后续企业碳排放核算奠定了基础；ISO－14064 标准是由国际标准化组织牵头制定的，包括核算、鉴证等内容，是国际上碳排放核算的依据。我国也发布了针对不同行业企业的碳排放核算计算标准。

　　第三节介绍了企业碳排放核算的基本步骤，包括确定组织边界、确定运营边界、选择核算方法、收集核算数据、选择计算标准、汇总排放数据。企业碳排放核算数据的合并方法包括股权比例法和控制权法。企业碳排放核算的运营范围包括范围一、范围二和范围三。企业碳排放核算的方法有排放因子法、质量平衡法、实测法。企业碳排放核算数据的汇总包括数据集中法和分散法。

思考与业务题

1. 简述碳排放核算的基本原则。
2. 划分碳排放范围一、范围二、范围三的标准是什么？
3. 简述碳排放核算的方法。
4. 简述碳排放核算的步骤。
5. A 企业作为一家集团母公司，表 6－8 是 A 企业与其他碳排放主体的关系，试求采用股权比例法、控制权法进行碳排放核算时，A 公司应该确定多大比例的碳排放。

表 6－8　A 企业与其他碳排放主体的关系

碳排放主体	法律结构	A 公司持有股权	运营控制权	A 公司财务核算处理
B 公司	公司法人	100%	A 公司	全资子公司
C 公司	公司法人	83%	A 公司	子公司
D 公司	合资企业，合作方共同控制财务	B 公司持有 50%	F 公司	通过 B 公司处理
E 公司	公司法人	1%	F 公司	固定资产投资

参考文献与资料来源

［1］联想集团. 联想集团碳中和行动报告 2022［R］. 北京：联想集团有限公司，2022.

［2］国家发展改革委，国家统计局，生态环境部. 关于加快建立统一规范的碳排放统计核算体系实施方案［Z］. 2022 – 04 – 22.

［3］IPCC. IPCC second assessment climate change 1995［R］. Geneva：Intergovernmental Panel on Climate Change，1995.

［4］IPCC. Climate change 2023：synthesis report［R］. Geneva：Intergovernmental Panel on Climate Change，1995.

第七章　企业碳成本与碳绩效

学习要点

◆ 了解碳成本的相关概念

◆ 熟悉碳成本的基本内容

◆ 掌握碳成本的计算和分摊方法

◆ 了解碳绩效的相关概念

◆ 熟悉碳绩效评价的主要指标

导入案例

近年来，高煤价对发电企业造成了巨大困扰。2023 年 4 月 21 日，华能国际电力股份有限公司发布了 2022 年年度报告，显示净亏损 73.87 亿元。但投资者更为关注的是，华能国际2022 年出售碳排放配额交易收入约 4.78 亿元，购买碳排放配额支出约 1.04 亿元，净收益达3.74 亿元，成为当年行业的"卖碳大王"。那么企业如何核算碳成本，如何计算碳绩效？通过本章学习我们将对上述问题做出解答。

第一节　企业碳成本核算

一　企业碳成本的基本概念

碳成本的概念最早可以追溯至《京都议定书》推动的碳排放权交易的建立，钢铁、电力、化工、水泥等高碳排放行业陆续被纳入世界各国、各地区的碳交易市场中。"碳排放不再免费"的理念促使高碳排放企业将碳减排的理念融入企业战略发展和日常经营管理，碳成本逐渐成为影响上述决策的重要因素。

碳成本一般认为是与碳排放相关的所有成本[①]，主要包括以下三方面内容：

第一，为碳减排活动而开展的资本性投资，包括企业经营活动中主动采购或要求采购的低碳设备、研发低碳技术等[②]，营运性成本或者聘用的碳管理人员的人力成本，称为减排碳成本。

第二，超额排放所产生的碳配额购买成本[③]，称为碳排放成本。

第三，预期未来由于企业碳排放而引发的或有成本[④]，称为或有碳成本。

当前，碳成本中关注最广的是碳排放成本，本书将对此进行详细介绍。

二 企业碳排放成本核算的内容

企业碳排放成本核算的内容包括以下四点：

第一，分析企业碳排放成本流程。碳排放成本流程反映了碳排放成本的产生，便于确定哪些环节容易产生碳排放成本及碳排放成本发生的动因。

第二，确定碳排放成本的计量方法。碳排放成本是从环境成本中独立出来的，它的计量与传统的环境成本有所不同，需要首先预估碳排放量。

第三，确认碳排放成本。当企业的经营活动或者交易事项发生后，应该按照会计确认的原则和流程，将发生的费用确认为碳排放成本。

第四，记录和报告碳排放成本。依据计量的结果，设置与碳排放成本相关的账户，列示于会计报表中。

三 企业碳排放成本的确认原则

为了保证准确地确认企业碳排放的支出以及碳排放成本使用者能够做出正确的决策，碳排放成本确认原则具体包括可定义性、可计量性、相关性和可靠性。

可定义性，要求碳排放成本进行清晰界定，有利于使用者正确分析各项支出是否属于这个范畴。

可计量性，要求应用货币准确计量，并且反映在财务报表上。同时，也需要辅之以非货币计量。

相关性，要求碳排放成本信息可以评价企业的发展状况，确定碳排放目的以及成本，

[①] Sathaye 等（2006）基于印度，探讨了发展中国家在应对气候变化方面的成本，以及其对经济发展的影响；Cadez 和 Guilding（2017）认为碳成本就是碳基资源。

[②] Kolk 等（2008）指出需要建立企业气候变化战略、财务业绩和温室气体减排之间的联系。

[③] Gillenwater 和 Breidenich（2009）认为碳成本是指超排放限额交易所花费的金额。

[④] 周志方、黄玥（2016）认为应当考虑企业生产后的碳相关或有成本。

进而达到确定成本以及摊销的目标。

可靠性，要求碳排放成本信息具有准确性和可靠性，数据精准无误，包括时间、地点和原因等因素。

四　企业碳排放成本的计量标准

（一）计量单位

以货币计量的会计假设为基础，本书认为碳排放成本的计量应该以货币计量为主、非货币计量为辅。碳交易市场的逐渐完善为开展货币计量提供了基础。

（二）计量属性

在采用货币计量时，企业碳排放成本的计量属性是公允价值和历史成本，二者相互补充。随着碳交易机制逐渐成熟，应用公允价值或者历史成本的方法是真实可靠、行之有效的。

非货币计量是指应用货币进行计量时不够准确，可采用物理单位计量作为补充，这些物理单位包括吨、立方米等。

（三）计量与分摊方法

在计量方法方面，需要用到全生命周期成本核算（Life Cycle Costing，简称 LCC）以及作业成本分摊（Activity Based Costing，简称 ABC）的思想。在全生命周期成本中，生产流程包括设计研发、采购、制造、销售和回收等流程。设计研发阶段和采购阶段为预防成本；制造阶段是碳排放成本的主要环节，需要通过成本动因归总，最终计算碳排放成本；销售和回收阶段，属于预防成本或者治理成本。全生命周期成本是对整个流程的确认，同时应用会计处理的方式来确定核算成本，并且可以确定不同产品的碳成本。

在作业成本法中，需要划分作业从而建立与之相关的成本库，之后准确计量成本动因，再核算其相对应的分配率。在分摊作业成本后，对碳排放成本进行归集，最后实现对碳排放成本的计算。

五　企业碳排放成本的计算过程

碳排放成本的核算包括碳排放量计算、碳排放成本计算、碳成本分摊三个步骤。

（一）碳排放量计算

企业碳排放量是核算碳排放成本的基础，也是企业进行碳成本管理的前提条件。企业碳排放量的计算已在第六章介绍过，本章不再详细介绍。

（二）碳排放成本计算

企业对每个生产流程的二氧化碳排放量进行测算后，再将总碳排放量乘以二氧化碳的公允价值，即可得出碳排放成本，如公式所示：

$$碳排放成本 = （碳排放量 - 配额）\times 碳市场价格 = \sum_{i}^{n} E_i \times P$$

其中，E_i 表示各碳排放活动产生的碳排放量减去相应的碳配额后待交易的排放量（单位为吨），P 表示碳市场价格（单位为元/吨）。

（三）碳成本分摊

采用作用成本法按照特定的比例进行成本分摊。

六 企业碳排放成本核算及分摊实例

为了能够更全面地掌握碳排放成本核算的方法，本节以钢铁行业为例作为碳排放成本核算的案例，案例选自韩丹和王磊 2015 年发表在《财会研究》上的论文（数据有修改）。

（一）确定工艺流程及排放源

根据 A 钢铁企业的工艺流程，可以把原料采购、生产制造、销售、废弃物回收作为一个完整的生命周期，碳成本主要来自燃料、电能消耗以及化学反应形成的碳排放成本、处理废气机器设备的折旧成本。

（二）流程及参数数据搜集

A 钢铁企业与碳排放相关的作业活动如表 7-1 所示。

表 7-1 A 钢铁企业作业库

周期	环节	作业	作业动因	数量
原材料采购	采购	原料运输	次数	1 000
生产制造	烧结	混合	电耗/千瓦时	200 000
		除尘	电耗/千瓦时	100 000
		烧结	批次	1 000
		破碎、筛分	电耗/千瓦时	40 000
	炼铁	冷却	电耗/千瓦时	5 000
		烟气处理	批次	300
		脱硫	批次	10 000
	运铸	修磨	电耗/千瓦时	60 000
		加热	批次	10 000
		轧制精整	电耗/千瓦时	80 000

（续上表）

周期	环节	作业	作业动因	数量
销售		配送	批次	750
回收		运输	批次	30

（三） 碳排放量及碳排放成本的计算

假定钢铁产量为 200 000 吨，按照 1 千克燃油 = 1.428 6 千克标准煤，1 千克原煤 = 0.714 3 千克标准煤，1 千克标准煤 = 2.493 千克 CO_2，耗 1 千瓦时电 = 排放 0.928 千克 CO_2（数据来源于《综合能耗计算通则》GB/T 2589—2020，《省级温室气体清单编制指南》发改办气候〔2011〕1041 号），以湖北碳市场 2022 年 3 月 2 日成交价为准，碳交易价为 50.54 元/吨，数据来源于中国碳交易网）；若每次运输燃油为 500 千克，烧结每批次燃煤 5 吨，烟气处理每批次折旧 1 元，脱硫过程中每批次碳排放为 0.5 千克，氧气转炉过程中每批次燃煤为 3 吨，酸洗每批次碳排放 0.2 千克，加热每批次燃煤 2 吨，配送每批次燃油 100 千克，回收每批次燃油 100 千克，则具体成本分配如表 7-2 所示。

表 7-2 碳成本计算与分配表

单位：元

周期	环节	作业	碳成本	计算
原材料采购	采购	原料运输	89 999.10	$1\,000 \times 500 \times 1.428\,6 \times 2.493 \times 0.001 \times 50.54$
生产制造	烧结	混合	9 380.22	$200\,000 \times 0.928 \times 0.001 \times 50.54$
		除尘	4 690.11	$100\,000 \times 0.928 \times 0.001 \times 50.54$
		烧结	449 995.51	$1\,000 \times 5 \times 0.714\,3 \times 2.493 \times 50.54$
		破碎、筛分	1 876.05	$40\,000 \times 0.928 \times 0.001 \times 50.54$
	炼铁	冷却	234.51	$5\,000 \times 0.928 \times 0.001 \times 50.54$
		烟气处理	300	300×1
		脱硫	2 527	$10\,000 \times 5 \times 0.001 \times 50.54$
	炼钢	氧气转炉	269 997.30	$1\,000 \times 3 \times 0.714\,3 \times 2.493 \times 50.54$
		电炉炼钢	14 070.34	$300\,000 \times 0.928 \times 0.001 \times 50.54$
		酸洗	1 010.80	$10\,000 \times 2 \times 0.001 \times 50.54$
	运铸	修磨	2 814.072	$60\,000 \times 0.928 \times 0.001 \times 50.54$
		加热	179 998.20	$1\,000 \times 2 \times 0.714\,3 \times 2.493 \times 50.54$
		轧制精整	3 752.09	$80\,000 \times 0.928 \times 0.001 \times 50.54$

（续上表）

单位：元

周期	环节	作业	碳成本	计算
		小计	1 030 645.28	
销售		配送	13 499.86	$750 \times 100 \times 1.428\ 6 \times 2.493 \times 0.001 \times 50.54$
回收		运输	539.99	$30 \times 100 \times 1.428\ 6 \times 2.493 \times 0.001 \times 50.54$
		合计	1 044 685.14	

（四）成本分摊与分配

（1）分配次级作业的碳成本到一级作业。

采购环节的碳成本为 89 999.10 元

烧结环节的碳成本为 9 380.22 + 4 690.11 + 449 995.51 + 1 876.05 = 465 941.89 元

炼铁环节的碳成本为 234.51 + 300 + 2 527 = 3 061.51 元

炼钢环节的碳成本为 269 997.30 + 14 070.34 + 1 010.80 = 285 078.44 元

运铸环节的碳成本为 2 814.07 + 179 998.20 + 3 752.09 = 186 564.36 元

配送环节的碳成本为 13 499.86 元

运输环节的碳成本为 539.99 元

（2）计算一级作业的分配率（单位/吨）。

采购环节分配率 = 89 999.10/200 000 × 100% = 45.00%

烧结环节分配率 = 465 941.89/200 000 × 100% = 232.97%

炼铁环节分配率 = 3 061.51/200 000 × 100% = 1.53%

炼钢环节分配率 = 285 078.44/200 000 × 100% = 142.54%

运铸环节分配率 = 186 564.36/200 000 × 100% = 93.28%

配送环节分配率 = 13 499.86/200 000 × 100% = 6.75%

运输环节分配率 = 539.99/200 000 × 100% = 0.27%

（3）根据成本对象消耗的作业数量，分配作业碳成本到成本对象。

（五）优化与改进

根据以上信息，企业可以采取更具针对性的措施，比如通过优化订货批量和周期的方式降低原料采购中的碳成本，通过调整能源结构和提高能源效率的方式降低生产过程产生的碳成本。

在成本分摊过程中，通过识别碳成本产生的动因、使用产量基础与非产量基础的作业动因，提高了成本分配的准确性以及成本信息的整体质量与相关性，为企业决策提供了更加可靠的依据。

第二节　企业碳绩效评价

实现低碳转型需要一系列的制度提供保障，碳绩效评价就是其中的基础制度。科学合理的碳绩效评价指标体系在约束碳排放、激励碳减排方面有重要的推动作用。

一　企业碳绩效的基本概念

企业碳绩效主要指减少碳排放的效率、效果和相应的有效性或者经济性[1]。具体而言，碳绩效代表了企业在从事低碳或零碳技术应用、能源节约或能源结构改变，碳项目投资、碳交易、碳信息披露以及碳管理等涉碳活动中所付出的努力和产出的效果。

碳绩效评价方法分为单指标评价法和综合指标评价法。

二　单指标评价法

单指标评价法是用一个价值指标作为评价效果客观标准，具有操作简单、易于理解等特点。

传统的企业财务评价大多以杜邦分析体系为核心，围绕偿债能力、营运能力、盈利能力、发展能力、资产周转能力等方面构建指标，形成传统财务评价的"五力说"模型。以上各种能力既相互独立，又相互联系。

在碳绩效评价方面，参考王爱国 2014 年提出的碳绩效"五力说"模型，本书从五个方面介绍碳绩效的单指标评价法，包括：碳投入能力、碳营运能力、碳产出能力、碳发展能力和碳风险能力。

（一）碳投入能力

碳投入一般包括用物质资本存量表示的碳资本投入、用从业人员数量表示的碳劳动投入和以万吨标准煤表示的碳基燃料或能源投入三部分，可用三个指标来衡量：碳投资率、碳从业人员率、碳基能源投入率。

1. 碳投资率

碳投资率是指企业在特定时期投资于低碳项目、低碳技术和低碳工艺流程等方面的实物或资本投资额占该时期投资总额的比例，用来反映碳投资投入的规模和程度，数值越大说明碳投资投入能力越强，碳绩效越好，反之亦然。用公式表示如下：

---

① 　王爱国. 碳绩效的内涵及综合评价指标体系构建［J］. 财务与会计（理财版），2014（11）：41 – 44.

$$碳投资率 = \frac{碳投资额}{投资总额} \times 100\%$$

2. 碳从业人员率

碳从业人员率是指企业在特定时期从事低碳、零碳业务或节能减排人员占全体员工的比例，用来反映低碳或零碳劳动力投入规模，数值越大说明碳劳动力投入能力越强，碳绩效越好，反之亦然。用公式表示如下：

$$碳从业人员率 = \frac{碳从业人员总数}{员工总数} \times 100\%$$

其中，碳从业人员既包括一线生产和技术人员，也包括相关的碳管理人员。

3. 碳基能源投入率

碳基能源投入率是指企业在特定时期碳基能源投入总量占全部能源总量的比例，用来反映碳基能源投入或消耗的总量情况，数值越小说明碳基能源投入或消耗越低，碳绩效越好，反之亦然。用公式表示如下：

$$碳基能源投入率 = \frac{碳基能源投入量}{全部能源投入总量} \times 100\%$$

其中，碳基能源主要是指以石油、煤炭、天然气等为代表的化石燃料或能源，一般用全部能源扣除核能、可再生能源等清洁能源后的差额来表示。

（二）碳营运能力

碳营运主要是指碳资产的配置与运作，其效率的高低决定着碳营运能力的强弱。可用以下两个指标来衡量：碳资产周转率、能源加工转换率。

1. 碳资产周转率

碳资产周转率是指企业在特定时期碳资产的周转次数或周转天数。用来反映碳资产营运的能力与效率。一般用碳收入占平均碳资产总额的比例来计算，数值越大说明碳资产营运能力越强，碳绩效越好，反之亦然。用公式表示如下：

$$碳资产周转率 = \frac{碳资产周转额}{平均碳资产总额} \times 100\%$$

其中，碳资产周转额用该时期实现的碳收入总额来替代。

2. 能源加工转换率

能源加工转换率是指企业在特定时期投入能源经过加工转换后产出的各种能源产品数量占投入的各种能源数量的比例，用来反映能源加工转换装置、产品工艺先进与否以及碳管理水平的高低，数值越大说明投入能源转化效率和效果越优，碳绩效越好，反之亦然。用公式表示如下：

$$能源加工转换率 = \frac{加工转换产品量}{加工转换能源投入量} \times 100\%$$

其中，能源指的是碳基能源，产品量指的是碳基能源加工转换的产品量。

（三） 碳产出能力

碳产出包括"好"的产出和"坏"的产出。前者是指一定的碳投入能够生产出低碳、零碳产品或提供低碳、零碳服务，可用收入或利润等指标来表示；后者是指一定的碳投入在生产产品或提供劳务的同时所产出的碳排放量。可用以下四个指标来衡量：碳资产收入率、碳资产利润率、单位产品碳排放率、单位能耗碳排放率。

1. 碳资产收入率

碳资产收入率是指企业在特定时期实现碳收入占平均碳资产总额的比例，用来反映碳资产产出效益，数值越大说明碳产出效益越优，碳绩效越好，反之亦然。用公式表示如下：

$$碳资产收入率 = \frac{碳收入}{平均碳资产总额} \times 100\%$$

其中，碳收入主要是指配额、基准、信用和各种碳减排认证等碳资产的出售或转让收入总额。

2. 碳资产利润率

碳资产利润率是指企业在特定时期实现碳利润或发生碳亏损占平均碳资产总额的比例。用公式表示如下：

$$碳资产利润率 = \frac{碳利润或碳亏损}{平均碳资产总额} \times 100\%$$

如果是碳资产损失则以负数表示。

3. 单位产品碳排放率

单位产品碳排放率是指企业每生产一个单位的产品或提供一个单位的服务所产生的碳排放量。用来反映"坏"的碳产出水平，数值越小说明碳绩效越好，反之亦然。用公式表示如下：

$$单位产品碳排放量 = \frac{碳排放量}{产品总量} \times 100\%$$

4. 单位能耗碳排放率

单位能耗碳排放率是指企业每消耗一个单位的能源所产生的碳排放量。用来反映"坏"的碳产出水平，数值越小说明碳绩效越好，反之亦然。用公式表示如下：

$$单位能耗碳排放率 = \frac{碳排放量}{能耗总量} \times 100\%$$

其中，能耗主要指的是碳基能源消耗，也可以指全部能源消耗。

（四） 碳发展能力

发展主要是增长、是速度，可以基于增量概念设置以下三个指标来衡量：碳投资增长率、碳收入增长率、碳利润增长率。

1. 碳投资增长率

碳投资增长率是指企业在特定时期碳投资增加额占期初碳投资余额的比例，用来反映碳投资的增长速度，数值越大说明碳投资增速越快，碳绩效越好，反之亦然。用公式表示如下：

$$碳投资增长率 = \frac{碳投资增加额}{期初碳投资余额} \times 100\%$$

2. 碳收入增长率

碳收入增长率是指企业在特定时期实现碳收入增加额占期初碳收入总额的比例，用来反映碳收入的增长速度，数值越大说明碳收入增速越快，碳绩效越好，反之亦然。用公式表示如下：

$$碳收入增长率 = \frac{碳收入增加额}{期初碳收入总额} \times 100\%$$

3. 碳利润增长率

碳利润增长率是指企业在特定时期实现的碳利润增加额占期初碳利润总额的比例，用来反映碳利润的增长速度，数值越大说明碳利润增速越快，碳绩效越好，反之亦然。用公式表示如下：

$$碳利润增长率 = \frac{碳利润增加额}{期初碳利润总额} \times 100\%$$

（五）碳风险能力

碳风险是指气候变化或化石燃料使用给企业带来的不确定性，主要表现为三个方面：①碳排放总量、能源、碳税制度和低碳贸易壁垒等政策管制风险；②价值链上下游碳排放转嫁、碳融资和消费者低碳诉求等利益连带风险；③组织结构、低碳成本和碳交易等内部风险。

1. 碳暴露度变动率

碳暴露度是指特定范围和财务年度内，由碳基燃料与能源的投入或碳排放的产出所带来的财务影响。它等于单位碳投入量乘以投入时的碳价格与单位碳排放量乘以产出时的碳价格之和与营业收入之比。进一步的，基期到预期的碳暴露度变动的百分比即为碳暴露度变动指标。用公式表示如下：

$$CR_i, \Delta t = \left(\frac{CE_i, t_1}{CE_i, t_0} - 1 \right) \times 100\%$$

其中，CE_i, t_0 为基期的碳暴露度，CE_i, t_1 为预期的碳暴露度。

2. 核证减排量的认证率

核证减排量的认证率是指东道国为发展中国家的企业在某一时期开展清洁发展机制（CDM）项目所获得的核证减排量（Certification Emission Reduction，简称 CER）认证数占全部 CDM 项目总数的比例，用来反映开展 CDM 项目可能发生的各种风险及其成功状况，数值越大说明风险越小，碳绩效越好，反之亦然。用公式表示如下：

$$CER\ 认证率 = \frac{CER\ 认证成功数}{CDM\ 项目总数} \times 100\%$$

或者：CER 认证失败率 = 1 − CER 认证率

该数值越大说明 CDM 项目风险越大。

表 7 - 3 对单指标评价进行了汇总，以便更系统地理解各指标的内容和相互关系。

表 7 - 3　单指标评价法

能力	指标
碳投入能力	碳投资率
	碳从业人员率
	碳基能源投入率
碳营运能力	碳资产周转率
	能源加工转换率
碳产出能力	碳资产收入率
	碳资产利润率
	单位产品碳排放率
	单位能耗碳排放率
碳发展能力	碳投资增长率
	碳收入增长率
	碳利润增长率
碳风险能力	碳暴露度变动率
	核证减排量的认证率

三 综合指标评价法

单指标评价法维度单一，无法全面反映企业的碳绩效。同时，由于碳绩效评估中会涉及非定量指标，因而综合评价法能够更好满足碳绩效的评价要求。业界和学术界对于综合评价企业碳绩效开展了大量探索，本节重点介绍国际上 CDP 项目组提出的碳排放绩效领导力指数和国内张彩平和陈留柱提出的企业碳绩效指数①。

（一）碳排放绩效领导力指数

CDP 项目是全球最具声望的可持续性调查之一。通过对全球 500 家企业进行调查、分析，CDP 项目发布两个重要的指数：碳信息披露领袖企业指数（Carbon Disclosure Leadership Index，简称 CDLI）和碳排放绩效领导力指数（Carbon Performance Leadership Index，简称 CPLI）。CPLI 在 2009 年开始探索，2010 年正式提出，主要基于 CDP 项目过去 10 年的数据积累，同时也为响应利益相关者对碳绩效分析的需求。

CPLI 包括四方面内容：战略、治理、利益相关者、绩效。

战略包括：是否将气候风险与机会纳入公司整体战略中？是否制定温室气体减排目标？是否与政策监管部门开展沟通与联系？

治理包括：是否制定监督和管理的责任？是否建立气候变化相关活动的激励措施？

利益相关者包括：是否在主要报告或监管文件中与利益相关者沟通？是否聘请外部第三方鉴证机构以保证排放数据的真实性？

绩效包括：是否实施能源或减排计划？是否实现显著的温室气体减排？是否利用气候变化的机会为企业创造商业价值？

图 7-1　碳排放绩效领导力的特点

资料来源：CDP. Carbon Disclosure Project 2010 Global 500 Report.

① 张彩平，陈留柱. 企业碳绩效指数构建及应用研究［J］. 会计之友，2023（17）：9-16.

CPLI 指数的得分区间是 0～100 分，分为四个等级。A 级公司属于领先阶段，CPLI 得分高于 80 分；B 级公司属于跟随阶段，CPLI 得分在 51～80 分；C 级公司属于成长阶段，CPLI 得分在 21～50 分；D 级公司属于起步阶段，CPLI 得分低于 21 分。

CPLI 的名单每年定期发布，入选其中表明公司在环境治理、战略部署和节能减排方面表现优异，为其他企业实施碳绩效评价提供了标准，也成为众多投资者进行投资等决策的重要参考。自 2015 年开始，CPLI 指数被 A List 名单项目替代。

（二）企业碳绩效指数

碳绩效评价体系的构建是从综合角度反映企业整体碳绩效水平的一种方法，是推进企业低碳转型的重要手段。参考张彩平和陈留柱 2023 年发表在《会计之友》上的论文，本节对碳绩效综合指数的设计和计算进行介绍。

1．构建依据与原则

碳绩效综合指标评价需遵循以下原则：

（1）可获得性与系统性原则。选取指标的数据来源于公开披露的可靠信息，而且各指标之间既相对独立又具有一定内在关联。

（2）定性与定量结合原则。定性与定量指标相结合能更全面地反映企业的碳管理能力，指数结果也更具说服力。

（3）成本效益原则。评价指标既不过多而增加数据收集成本，又不过少而无法反映碳绩效管理的全部。

2．指标构成

鉴于碳投入和碳排放都与生产流程密切相关，因而一方面需要对企业生产、制造、加工、循环、回收等整个生产过程中输入或者输出的含碳资源进行碳素流分析，据此识别高排放环节，制定节能降碳的优化方案；另一方面，企业还需要对整个生产过程中含碳资源耗费所产生的经济成本进行价值流分析，通过含碳资源的优化配置、生产流程的优化降低碳排放量和碳成本。

本节主要阐述碳投入、碳流转、碳排放 3 个维度的 9 个指标，具体内容如表 7－4 所示。

表 7－4　碳绩效指数评价指标

评价维度	具体目标	分类	指标含义
碳投入	单位产品能源消耗量	定量	标准煤单位（吨标准煤）/产品总量（吨）
	低碳技术投入总额	定量	低碳环保技术产生的总费用（万元）
	低碳生产机构及管理制度	定性	低碳组织分工是否明确，管理制度清晰程度

（续上表）

评价维度	具体目标	分类	指标含义
碳流转	低碳循环价值	定量	循环价值（万元）/技术成本（万元）
	废弃物处理达标率	定量	处理废弃物达标情况（%）
	低碳生产审核活动	定性	按政府要求，对生产流程审核实施效率
碳排放	单位产值二氧化碳排放	定量	二氧化碳排放总量（吨）/总产量（吨）
	二氧化碳排放量	定量	二氧化碳排放总量（吨）
	碳信息披露	定性	碳信息披露的完善性，获取难度

资料来源：张彩平，陈留柱. 企业碳绩效指数构建及应用研究 [J]. 会计之友，2023（17）：9-16.

3. 权重确定方法

由于定量和定性指标是从不同的视角反映企业碳绩效的情况，对碳绩效影响程度也存在较大的差异，故而需要选择不同的方法确定其权重。

（1）定量指标权重的确定。在信息论中，熵是对不确定性的一种度量。信息量越大，不确定性就越小，熵也就越小；信息量越小，不确定性越大，熵也越大。根据熵值法的特性，可以通过计算熵值来判断一个事件的随机性及无序程度，确定指标的权重。

（2）定性指标权重的确定。主观赋权法是研究较早、较为成熟的方法，专家可以根据实际的决策问题和专家自身的知识经验合理地确定各属性权重的排序。层次分析法是典型的主观赋权法，其能将问题分解为不同的组成因素，利用较少的信息使决策思维过程数学化，为无结构决策问题提供简便的决策方法。其步骤见图7-2。

图7-2 层次分析法步骤

将熵值法和层析分析法相结合进行综合指数计算能够降低人为影响，确保以碳绩效指数的可信度为目标。根据《国有资本金绩效评价计分方法》建议，在得到定量与定性指标指数后，与该方法建议的权重比例相乘，最后再相加得到企业的碳绩效指数，具体计算见下式：

$$S = 80\% R + 20\% T$$

其中，S 为碳绩效指数，R 为定量指标指数，T 为定性指标指数。

◄》 **本章小结** 《►

本章介绍了碳成本核算和碳绩效评价的相关内容。

碳成本核算涵盖了与碳排放相关的所有成本，包括碳减排成本、碳排放成本、或有碳成本，本章重点介绍了碳排放成本的核算与评估。碳排放成本主要是由于超额碳排放而产生的配额购买成本，使用超额碳排放与碳价的乘积计算得出。在核算过程中，要结合会计的作业成本法，将碳排放成本逐步分解到产品层面。

碳绩效评价对约束碳排放、激励碳减排方面作用关键。碳绩效评价方法包括单指标评价法和综合指标评价法。其中，单指标有碳投入能力、碳营运能力、碳产出能力、碳发展能力、碳风险能力；综合指标评价包括构建不同类型的碳绩效指数。实际应用过程中，企业要结合自身业务的特征，设计科学合理的指标评价体系和方法。

◄》 **思考与业务题** 《►

1. 碳成本的分类有哪些？
2. 碳排放成本的计算步骤是什么？
3. 碳绩效评价的单指标有哪些？
4. 碳绩效评价综合指标构建的基本理念是什么？

◄》 **参考文献与资料来源** 《►

［1］周志方，黄玥，李世辉. 流程制造企业的碳成本：分类、核算与控制［J］. 世界科技研究与发展，2016，38（2）：403－408.

［2］韩丹，王磊. 基于生命周期成本和作业成本融合的碳成本核算体系研究［J］. 财会研究，2015（9）：30－34.

［3］陈共荣，龚慧云. 构建现代企业财务分析学的思考［J］. 财经理论与实践，1996（5）：33－35.

［4］张彩平，肖序. 两种碳排放权交易制度的会计确认问题比较研究［J］. 财务与金融，2014（6）：31－37.

［5］世界可持续发展工商理事会，世界资源研究所. 温室气体核算体系：企业核算与报告标准［M］. 北京：经济科学出版社，2012.

[6] SATHAYE J, SHUKLA P R, RAVINDRANATH N H. Climate change, sustainable development and India: global and national concerns [J]. Current science, 2006, 90 (3): 314 - 325.

[7] CADEZ S, GUILDING C. Examining distinct carbon cost structures and climate change abatement strategies in CO_2 polluting firms [J]. Accounting, auditing and accountability journal, 2017, 30 (5): 1041 - 1064.

[8] KOLK A, LEVY D, PINKSE J. Corporate responses in an emerging climate regime: the institutionalization and commensuration of carbon disclosure [J]. European accounting review, 2008, 17 (4): 719 - 745.

[9] GILLENWATER M, BREIDENICH C. Internalizing carbon costs in electricity markets: using certificates in a load - based emissions trading scheme [J]. Energy policy, 2009, 37 (1): 290 - 299.

▶▶ 第四编　碳审计与碳金融

碳会计处理、碳信息披露、碳核算等不仅是企业内部的管理工作，还需要企业外部的制度安排进行配合，包括为企业碳管理与碳信息提供第三方鉴证的碳审计，以及为企业低碳投融资活动提供资金支持的碳金融。

碳审计是指按照系统方法对碳排放经管责任的履行情况进行独立鉴证，并将结果传达至利益相关者的治理制度安排。碳审计使用一套详细制定的原则和标准，经过专业的检测、审核、评估、确认等程序，评价企业碳信息的质量和保证企业碳绩效的管理体系、流程和能力。

碳金融是指为实现国家自主贡献目标和低碳发展目标，引导和促进更多资金投向应对气候变化领域的投资和融资活动，是绿色金融的重要组成部分。绿色金融是为支持环境改善、应对气候变化和资源节约高效利用的经济活动，即对环保、节能、清洁能源、绿色交通、绿色建筑等领域提供的金融服务。

本编首先讨论碳审计，包括碳审计的涵义与主题，主体与客体，方法、步骤与结果，以及标准；接着介绍碳金融，分别从气候投融资和搁浅资产两个方面展开。

本编的内容框架图如下：

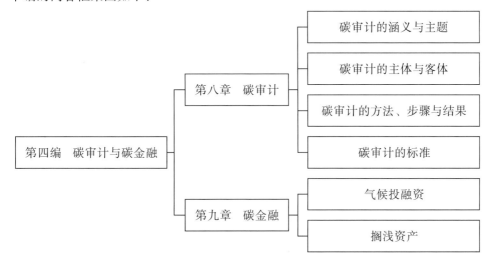

第八章　碳审计

学习要点

◆ 理解碳审计的核心内涵

◆ 认识碳审计的主体与客体

◆ 掌握碳审计的组织方式、取证模式、审计步骤与技术方法

◆ 熟悉以风险为导向的碳审计主要步骤

◆ 了解国内外碳审计标准的基本内容

导入案例

2022年3月21日，美国证券交易委员会（SEC）公布了一项针对在美上市公司气候信息披露规则的提案，要求对温室气体排放（GHG）披露进行外部、公正的审查。该提案包括：①要求现有加速申报人以及大型加速申报人的范围一和范围二温室气体排放量提供独立的第三方鉴证，同时为其鉴证水平提供一个财政年度以过渡至有限保证，两个额外财政年度以过渡至合理保证。②鉴证服务提供者的最低资格和独立性要求。例如，鉴证服务者需在测量、分析、报告或鉴证温室气体排放方面具有丰富经验，是温室气体排放方面的专家，并且独立于被鉴证公司。③附随认证报告的最低要求。例如，应包括对认证报告的主题事项或被鉴证人的主张的明确说明、测量或评估所涉及的时间点以及所依据的标准等。

投资者对气候相关信息需求日益增长，但确保这些信息的质量一直是投资者和行业面临的最大挑战之一。许多专家建议，应该对气候相关信息披露提供一定程度的保证，以提高信息披露的可靠性。企业已经越来越多地寻求第三方对环境、社会和治理以及气候相关信息披露的保证或核实。

显然，这些独立的第三方鉴证会提高了气候信息的准确性和可靠性以及投资者对此类披露的信心。同时，这也意味着准确和可靠的温室气体排放信息披露逐步被纳入监管。

第一节　碳审计的涵义与主题

本章用碳审计一词泛指碳鉴证、碳核查、碳审验等业务。

一　碳审计的涵义

（一）碳审计的内涵

碳审计是按照系统方法，从碳排放信息、碳排放行为和碳排放制度三个维度独立鉴证碳排放经管责任的履行情况，并将结果传达至利益相关者的碳排放治理制度安排①。

碳审计的核心内涵表现在六个方面。

其一，碳审计是对碳排放经管责任履行情况的审计。碳排放经管责任是碳排放委托代理关系中代理人对委托人承担的责任。委托代理关系通常分为资源类委托代理关系、监管类委托代理关系和合约类委托代理关系三种类型。合约类和监管类委托代理关系中不存在碳审计需求，资源类委托代理关系中存在碳审计需求，即通过建立一整套治理机制来约束并激励代理人，促使代理人更好地履行其承担的碳排放经管责任。

其二，碳审计从碳排放信息、碳排放行为和碳排放制度三个维度展开。对于碳排放信息，发现虚假信息或低水平绩效来关注其真实性，展开全面评价、分析差异并提出建议。对于碳排放行为，发现是否存在违反相关法律法规的行为，评价其是否符合要求。对于碳排放制度，发现自身设计和执行缺陷，关注制度的健全性和执行性。

其三，碳审计履行独立鉴证、评价、责任追究和服务四大审计职能。独立鉴证是指碳审计机构在独立状态下，通过系统方法核实碳排放信息、碳排放行为和碳排放制度的真实情况，最终形成审计发现或审计结论。评价是指以独立鉴证为基础，对碳排放经管责任的履行情况进行评价，如对碳排放信息所表征的绩效水平、碳排放制度的整体有效性等做出评价。责任追究是指对碳排放虚假信息、碳排放绩效水平低下、碳排放行为违规、碳排放制度缺陷的责任人实施的处理处罚。服务是指碳审计机构对发现的问题提出有针对性的建议并帮助审计客体及有关部门整改这些问题。在四大审计职能中，独立鉴证是基础，评价是拓展，责任追究是惩处，服务是价值实现。

其四，碳审计需要将审计结果传递给利益相关者。碳审计机构以恰当的方式将碳审计结果传递给利益相关方，督促各类责任主体更好地履行需承担的碳排放经管责任。

其五，碳审计需要采用系统方法。系统方法是以实践经验及理论逻辑为基础，遵循不同的碳审计准则以履行不同的碳审计业务和碳审计职能。

---

① 郑石桥. 论碳审计本质 [J]. 财会月刊, 2022 (4)：93 – 97.

其六，碳审计属于碳治理制度安排。碳排放资源类委托代理关系中，委托人会推动建立一整套治理机制，规避代理问题和次优问题的出现。同时，碳审计以碳排放治理机制为背景，并融入碳排放治理体系中，有利于处理好碳审计与碳排放治理机制间的关系，实现审计在碳排放治理中的固有功能。

（二）碳审计的分类

碳审计是一种专项审计，其本身也可进一步细分。按审计业务类型分类，包括碳财务审计、碳合规审计、碳绩效审计、碳制度审计、碳综合审计；按审计项目分类，包括审计客体、审计主体、保证程度、业务基础。（详见表 8 – 1）按强制性分类，包括强制性碳审计和自愿性碳审计。按审计周期分类，包括周期性碳审计和非周期性碳审计。

表 8 – 1　碳审计体系

项目		审计业务类型				
		碳财务审计	碳合规审计	碳绩效审计	碳制度审计	碳综合审计
审计客体	碳责任单位	√	√	√	√	√
	领导干部碳责任					√
	产品服务碳足迹	√				
	碳汇项目	√				
	碳减排项目	√				
	建筑物	√				
审计主体	政府审计机关	√	√	√	√	√
	内部审计机构	√	√	√	√	√
	民间组织	√	√	√	√	√
保证程度	合理保证	√				
	有限保证	√	√	√	√	√
业务基础	直接报告业务		√	√	√	√
	基于责任方认定业务	√		√	√	√

注：√表示有这种情况。

资料来源：郑石桥. 论碳审计本质 [J]. 财会月刊，2022 (4)：93 – 97.

（三）碳审计的相关概念

1. 环境审计

环境审计是现代审计在环境治理中的运用，而碳审计是环境审计的一个分支，是现代审计在碳排放治理中的运用。

2. 能源审计

能源审计是现代审计在能源治理中的运用，碳审计与能源审计共同关注的内容是能源消耗状况，碳审计的重点是能源消耗所产生的碳排放。

3. 低碳审计

低碳审计是对被审计单位或部门的低碳生产经营、资源利用、财务信息、职责履行等活动进行的特殊管理，是碳审计的另外一个名称。

4. 碳排放审计

碳排放审计是对碳排放责任履行的公允性、合法性和效益性实施鉴证，并将最终的审计结果传递给相关使用者的过程，其实质就是碳审计。

5. 碳交易审计

碳交易审计是服务于碳交易的第三方碳审计，通过对企业碳排放披露报告过程和对拟进入交易的碳排放相关数据进行鉴证和审计，实质上是服务于碳排放权交易的审计。

二　碳审计的主题

（一）碳审计对象承载者的碳审计主题

碳审计的审计对象是碳排放经管责任，由碳排放财务责任和碳排放业务责任组成。前者是治理碳排放财务资源使用情况的责任，后者是治理碳排放相关业务职责履行情况的责任。

上述责任由碳排放政策、碳排放治理项目、碳排放资金、碳排放活动、产品碳认证五种具体形式的承载者承担。碳排放审计围绕碳排放相关信息、碳排放相关行为、碳排放相关制度三个碳审计主题，对五种形式的碳排放经管责任进行审计。具体分类如表 8 - 2 所示。

表 8-2　碳审计对象承载者的碳审计主题

项目		碳审计主题		
		碳排放 相关信息	碳排放 相关行为	碳排放 相关制度
碳审计对象 承载者	碳排放政策	√	√	√
	碳排放治理项目	√	√	√
	碳排放资金	√	√	√
	碳排放活动	√	√	√
	产品碳认证	√		

注：√表示有这种情形。

资料来源：郑石桥. 论碳审计内容［J］. 财会月刊，2022（11）：100-103.

碳排放相关信息可以分为碳排放财务信息和碳排放业务信息。前者是指碳排放治理相关财务资源的筹措、使用、分配、管理及使用等信息，后者是指碳排放业务职责履行情况的相关信息。

碳排放相关行为可以分为碳排放财务行为和碳排放业务行为。前者是指碳排放财务资源筹措、分配、管理及使用等行为，后者是指履行碳排放业务职责的各种行为。

碳排放相关制度可以分为碳排放财务制度和碳排放业务制度。前者是规范碳排放财务行为和财务信息的制度，后者是规范碳排放业务行为和业务信息的制度。

（二）碳审计业务类型的碳审计主题

基于碳排放相关信息、碳排放相关行为和碳排放相关制度三个维度，碳审计业务包括碳财务审计、碳绩效审计、碳合规审计、碳制度审计、碳综合审计五种类型。

碳财务审计的审计主题是碳财务信息，通过关注各项数据的真实性完成碳财务审计。随着碳会计的发展，确认、计量、记录、报告的碳财务信息越来越多，碳财务审计的内容也越来越丰富。

碳绩效审计的审计主题是碳绩效信息，以审计客体的业绩信息为主，可能包括财务信息，评价碳绩效水平、分析碳绩效差异、提出碳绩效建议。

碳合规审计的审计主题是碳排放相关行为，分为碳排放财务行为及碳排放业务行为。通过关注这些行为是否遵守相关法律法规，完成碳排放财务收支合规审计与碳排放业务合规审计。

碳制度审计的审计主题是碳排放相关制度，包括宏观和微观两方面，侧重制度的设计健全性与执行有效性。碳宏观制度审计是针对各级政府颁布的碳排放相关法律法规的审计，关注法律法规本身是否存在缺陷及其执行情况。碳微观制度审计是针对碳排放责任主体是否履行碳排放经管责任情况的审计，关注其制度设计是否存在缺陷以及是否得到有效执行。

碳综合审计是以多个碳审计主题为基础形成的碳审计业务。在碳综合审计业务中，需要同时关注多个碳审计主题，但不意味着混合所有审计主题。因为审计取证思路及程序存在差异，审计工作需要针对不同的审计主题进行风险评估并制订审计方案。审计主题之间存在密切关联且部分审计程序可能多次出现在不同的审计主题中，因此应当删除重复的审计程序、合并各个审计主题的审计方案，得到可实施的综合审计方案。具体分类如表8-3所示。

表8-3　碳审计业务类型的碳审计主题

项目		碳审计主题		
		碳排放 相关信息	碳排放 相关行为	碳排放 相关制度
碳审计业务 类型	碳财务审计	√		
	碳绩效审计	√		
	碳合规审计		√	
	碳制度审计			√
	碳综合审计	√	√	√

注：√表示属于这种情形。

资料来源：郑石桥. 论碳审计内容［J］. 财会月刊，2022（11）：100-103.

（三）碳审计主题的细分

1. 碳审计标的

在实施具体审计程序时，只明确审计主题及其承载的审计目标会过于笼统，因此需要细分以形成审计标的。根据经典审计理论，审计标的是审计主题的细分，细分审计主题与相应的审计目标后可得到具体审计目标，每一具体审计目标又可匹配审计标的组成一个审计事项，汇总后形成审计事项清单。这一清单具有周延性，是对审计主题及其承载的审计目标的完整回应。

从碳审计业务类型来看，碳财务审计的审计主题是碳财务信息，审计目标是真实性。碳绩效审计的审计主题是碳绩效信息，审计目标是真实性和效益性。碳合规审计的审计主题是碳排放相关行为，审计目标是合法性。碳制度审计的审计主题是碳排放相关制度，审计目标是健全性。碳综合审计包含多个审计主题，不同审计主题有各自的审计目标。

综合来看，碳审计标的通过分解和匹配，得到碳审计具体事项清单，围绕这些事项清单进行风险评估，并在此基础上设计和实施进一步的审计程序。

2. 碳审计载体

在碳审计实施过程中，审计证据通常从关于碳审计的标的记录或载体中获得。碳审计载体有多种形式：从审计载体的来源来说，有内部载体和外部载体；从存在形态来说，有纸质载体、电子载体和实物载体；从完整性来说，有完整的审计载体和不完整的审计载体。

第二节　碳审计的主体与客体

一　碳审计主体

低碳经济作为一种新型的经济发展模式，在审计主体方面需要政府审计部门的积极倡导，发挥企业内部审计作用，并加强第三方独立审计机构力量。碳审计形成以政府审计为主导，由政府、社会、内部三个主体构成"主—辅—补"局面，强调"以政府审计为主导，逐步向社会审计和内部审计过渡"的模式。

政府审计机关侧重低碳政策的制定与执行，是对发展低碳经济以及节能减排相关的财政拨款使用情况进行的审计。内部审计机构更多着眼于产品的低碳审计。民间审计机构主要是对企事业单位的低碳情况进行审计。三类审计主体共同构成"三位一体"的碳审计体制。

碳审计主体的选择围绕审计独立性、审计质量和审计成本三项基本原则展开。

审计独立性是审计客观性的基础，强调碳审计主体要独立于碳审计客体，并与所审计碳排放事项没有关联。一方面，独立于审计客体是确保审计主体不受审计客体的控制或影响；另一方面，独立于审计碳排放事项是指审计主体没有履行该事项相关管理义务的责任。

审计质量是指审计主体采取科学的方法获取审计证据，进而获得正确的审计发现或审计结论。其核心是指审计主体具有从事碳审计的专业胜任能力，具体包括碳审计知识及能力、碳排放相关知识及能力、计算机与大数据分析知识及能力等。

审计成本是指审计需求者在选择碳审计主体时会遵循成本效益原则，即在保证审计质量前提下，比较不同审计主体标准以达到最低的审计成本。影响审计成本的因素包括审计业务量与审计业务稳定性。当审计业务量越大、业务越稳定时，自行设立审计机构就越符合成本效益原则；反之，聘任外部现有审计机构更符合成本效益原则。

在选择碳审计主体的三大基本原则中，审计独立性是基础。不能保障独立性的机构即使具有专业胜任能力和较低审计成本，也不能作为碳审计主体。不能保障审计质量的机构即使审计成本较低，也不能作为碳审计主体。在保证审计独立性和审计质量的前提下，审计成本最低的机构就是要选择的碳审计主体。

二　碳审计客体

（一）　碳审计客体相关观点

碳排放活动观认为，碳审计客体是碳排放活动，并且低碳经济将环境审计的对象从所有涉及环境的经济活动转向了侧重于温室气体产生与排放的过程。

碳排放信息观认为，碳审计客体是碳排放信息，因为低碳审计对象紧密围绕着企业碳排放量的测量与监控。

碳排放单位观认为，碳审计客体是碳排放单位，涵盖不同组织、个人、重点的碳排放源，包括采矿、制造、电力、燃气、建筑、交通运输等碳源行业和企业。

碳排放源观认为，碳审计客体是碳排放的排放源，供应链视角下供应链上各节点的企业在提供产品和服务的过程中，排放温室气体的同时产生碳足迹。

碳排放活动观与碳排放信息观未区分审计客体与审计内容，而将两者直接等价。碳排放单位观的方向正确，但是由于未涵盖非重点但承担重要职责的部门或单位而存在局限性。碳排放源观作为审计客体的组成部分，是对审计客体的具体确认但不能作为独立的审计客体。

（二）　碳审计客体的分类

1．以产品或服务作为碳审计客体

国际碳足迹准则（PAS 2050、TS Q0010、ISO 14067）以生命周期评估为基础，通过衡量产品或服务在全生命周期中直接或间接产生的温室气体排放总量，协助消费者与生产者在各阶段量化碳足迹数据，并了解其在环境和经济方面的影响。因此，一些企业会从产品或服务生命周期的角度出发，标识碳足迹以分析碳排放过程；一些行业会对碳排放水平较低的产品或服务进行专项认定并赋予低碳标识。同时，为确保产品或服务的碳排放数据是真实可靠的，碳排放单位应当对产品或服务展开相关的碳排放鉴证。

2．以建筑物作为碳审计客体

建筑物作为碳审计客体可以分为两种情况：多家单位共用一栋建筑物，实质上是将多家相关的碳排放单位共同作为一个审计客体；一家单位拥有多栋建筑物，实质上是将碳排放内部单位组合作为一个审计客体。

3．以特定的区域作为碳审计客体

特定区域作为碳审计客体分为两种情况：如果是一个行政区域，则地方政府作为碳审计客体；如果是一些行政区域的组合，则多个地方政府共同构成碳审计客体。

4．以项目作为碳审计客体

项目作为碳审计客体分为两种情况：一是碳汇项目，通过植树造林等活动增加森林对碳的吸收，从而减少大气中的碳排放，审计客体是指碳排放单位或实施该项目的政府；二

是碳减排项目，通过采取一些技术措施来减少或控制碳排放，审计客体是碳减排项目责任单位，通常是碳排放重点单位。

第三节　碳审计的方法、步骤与结果

一　碳审计的方法

（一）碳审计的组织方式

1. 碳审计业务与其他审计业务的关系

碳审计的主题分为碳排放相关信息、碳排放相关行为、碳排放相关制度三类。

碳审计主题具有相对独立性，对应的审计技术方法也具有独特性，有些情形需要对碳相关事项形成结论，故这些碳相关事项就应作为独立的审计项目进行组织。例如，碳排放量审计、碳交易审计、碳汇审计、碳减排项目审计、产品碳足迹审计等项目都适宜以独立碳审计项目的方式来实施。

当碳审计主题与其他类型业务的审计主题之间具有关联时，适宜将碳审计业务与其他审计业务进行组合，在提高审计效率的同时实现共同目标。例如，对碳排放专项资金进行审计时，将碳排放审计作为专项资金审计的内容，而不是将碳排放相关内容作为单独的碳审计项目来实施。

2. 碳审计业务基础

碳审计业务基础分为基于责任方认定业务和直接报告业务两类。

碳财务审计的目的是寻找审计客户碳财务信息中的错报，以基于责任方认定业务为主，很少采用直接报告业务。碳合规审计需要直接验证所选定的碳排放相关行为是否合规合法，属于直接报告业务。碳绩效审计取决于审计客体自身是否提供了碳绩效报告，若对碳绩效信息进行直接鉴证则是基于责任方认定业务，若审计人员需要先计算碳绩效信息再验证这些碳绩效信息的真实性则属于直接报告业务。碳制度审计往往从审计成本效益出发，直接检查碳排放相关制度的健全性，属于以直接报告业务的方式实施碳制度审计。具体分类如表 8-4 所示。

表 8-4　碳审计业务基础

碳审计业务基础	碳审计业务类型			
	碳财务审计	碳合规审计	碳绩效审计	碳制度审计
基于责任方认定业务	√		√	
直接报告业务		√	√	√

注：√表示有这种情形。

资料来源：郑石桥. 论碳审计方法 [J]. 财会月刊，2022（15）：84-88.

（二）　碳审计业务的取证模式

碳审计的取证模式就是碳审计取证的思路，将经典审计理论的审计取证模式落实到碳审计中。基本情况如表 8 - 5 所示。

表 8 - 5　碳审计取证模式

碳审计取证模式		碳审计业务类型				
		碳财务审计	碳合规审计	碳绩效审计	碳制度审计	碳综合审计
按确定审计重点的方法分类	账项基础模式	√	√	√	√	√
	制度基础模式	√	√	√	√	√
	风险导向模式	√	√	√	√	√
	数据式模式	√	√	√	√	√
按审计结果导向分类	命题论证型模式	√	√	√	√	√
	事实发现型模式	√	√	√	√	√

注：√表示有这种碳审计取证模式。

资料来源：郑石桥. 论碳审计方法［J］. 财会月刊，2022（15）：84 - 88.

1.　按确定审计重点的方法分类

按确定审计重点的方法，碳审计取证模式可分为账项基础模式、制度基础模式、风险导向模式、数据式模式四类。账项基础模式没有系统方法来确定碳审计重点，主要是基于审计人员的经验来确定碳审计重点。制度基础模式是以碳排放相关制度评价为基础来确定审计重点，碳排放相关制度缺陷越严重的领域，越应该作为碳审计重点。风险导向模式是以碳风险评估为基础来确定碳审计重点，碳风险越高的领域，越应该作为碳审计重点。数据式模式是以大数据分析为基础来确定碳审计重点，而数据分析的核心问题是寻找碳风险，所以数据式模式实质上就是大数据时代的风险导向审计。

碳财务审计、碳合规审计、碳绩效审计、碳制度审计和碳综合审计等基本碳审计业务都需要从上述碳审计取证模式中选择适宜的模式。不同的碳审计业务对应的碳风险不同。碳财务审计中的碳风险是碳排放相关财务信息错报；碳合规审计中的碳风险是碳排放相关行为违规违法；碳绩效审计中的碳风险是碳排放绩效信息虚假或绩效水平低下；碳制度审计中的碳风险是碳排放相关制度存在设计缺陷和执行缺陷；碳综合审计涉及多个碳审计主题，因此需要为每个碳审计主题分别选择其适用的碳审计取证模式。

2.　按审计结果导向分类

按审计结果导向，碳审计取证模式可分为命题论证型模式和事实发现型模式。

在命题论证型模式下，将碳审计目标作为一个命题来论证，经过命题分解和命题证明两个逻辑步骤，最终对碳审计总体形成结论。例如，碳财务审计对碳排放相关财务信息是否真实形成整体性结论；碳合规审计对碳排放相关行为是否合法形成整体性结论；碳绩效审计不仅对碳排放相关绩效信息是否真实形成整体性结论，而且对碳排放相关绩效水平形成整体性结论；碳制度审计对碳排放相关制度是否健全形成整体性结论。

在事实发现型模式下，碳审计目标为需要发现的"事实"确定方向，整个审计过程是一个寻找"事实"的过程，不对碳审计总体形成结论，只是在审计报告中阐述已经发现的"事实"。例如，碳财务审计在审计报告中报告已经发现的碳排放相关财务信息错报；碳合规审计在审计报告中报告已经发现的违规或违法碳排放相关行为；碳绩效审计在审计报告中报告已经发现的碳排放相关绩效信息错报和已经发现的碳排放相关绩效低下情况；碳制度审计在审计报告中报告已经发现的碳排放相关制度缺陷；碳综合审计涉及多个审计主题且不同审计主题的审计载体及审计定位可能不同，因此要选择不同的碳审计取证模式。

（三）碳审计的步骤

根据碳审计业务的不同基础，将碳审计业务分为直接报告业务和基于责任方认定业务。这两种碳审计业务都采用风险导向审计模式，且在大数据时代通常是数据式审计。一般审计步骤分为四个阶段：审计准备阶段、审计取证阶段、审计报告阶段、后续审计阶段。

1. 审计准备阶段

此阶段是初步了解审计客体、确定审计策略及审计的重要性水平。在直接报告业务中，审计人员要确定发表意见或形成结论的审计主题，围绕支撑这些审计主题的底层数据来完成上述工作。在基于责任方认定业务中，审计人员围绕责任方认定来完成上述工作。

2. 审计取证阶段

此阶段包括风险评估和进一步审计程序两个过程，且不同基础的碳审计业务在这两个过程中存在较大的差异。直接报告业务是对碳审计主题及认定的基础资料展开风险评估，审计人员要根据这些基础资料获得碳审计主题的相关数据并形成结论，所以基础资料是审计关注的中心，风险评估及进一步审计程序围绕这一中心展开。基于责任方认定业务，碳审计关注的中心是由审计客体提出的审计主题及其认定，在风险评估及进一步审计程序中也会涉及支持这些审计主题及其认定的底层数据。

3. 审计报告阶段

在直接报告业务中，需要按碳核算规范来计算碳排放相关数据，并以此为基础对这些数据形成审计结论或审计发现。在基于责任方认定业务中，可直接对责任方认定形成审计结论或审计发现。

4. 后续审计阶段

并非所有的碳审计业务都需要后续审计，鉴证碳排放量或传递碳排放信号的业务，例如服务于碳交易的碳排放量鉴证、服务于绿色消费的产品碳鉴证、碳减排项目鉴证、碳汇鉴证等，通常不需要后续审计。但是，检查碳审计中所发现问题的整改情况，促进碳审计结果的运用并实现碳审计目标的业务，例如碳合规审计、碳制度审计、碳绩效审计等，通常需要开展后续审计。

（四）　碳审计的技术方法

根据经典审计理论，审计技术方法分为两类：一是通用于各类审计业务的技术方法，称为通常审计技术方法；二是专用于某类审计业务的审计技术方法，称为专用技术方法。

碳审计作为碳排放治理的专门类型审计业务，可采用通常审计技术方法，但由于碳审计主题及其审计载体具有自己的特性，因此碳审计具有专用技术方法。专用技术方法主要有三类。一是碳数据分析方法，因为碳排放相关数据之间的内在关联与碳审计数据的载体不同，碳数据分析的技术方法也必然有自己的特性。二是碳数据验证方法，碳数据可以通过测量的方法进行验证，或者通过基于底层数据再计算的方法进行验证。三是碳绩效评价方法，碳排放绩效是一种特殊类型的绩效，碳绩效评价方法也具有自己的特性。

二　风险导向的碳审计步骤

基于风险导向碳审计程序设计的核心思路是：审计师应当首先识别碳排放风险，进而评估其对温室气体声明重大错报风险的影响，实施应对措施以形成有关温室气体相关认定及其认定整体的合理判断，最终将碳排放审计风险控制在可接受范围之内。风险导向的碳审计步骤如图 8 - 1 所示。

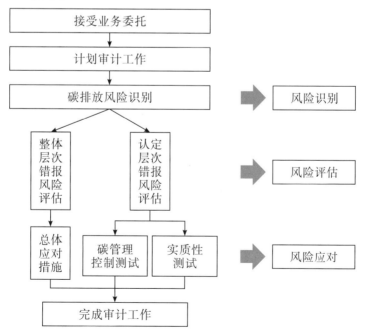

图 8 - 1　风险导向的碳审计步骤

资料来源：张帆. 风险导向的碳排放审计程序研究 [D]. 青岛：中国海洋大学，2012.

（一）接受业务委托

作为一项新业务，审计师在实施碳排放审计业务前应该明确以下事项，并谨慎决定是否接受业务委托。

1. 了解责任方背景情况

审计师应该充分获取责任方经营情况的信息，包括其所处的行业、主要的生产经营类型、涉及的重大业务和交易、所处的法律监管环境、参与碳交易项目情况、需履行的碳减排义务等。

2. 识别碳排放审计的目的

审计师应该通过询问等方式确定委托审计的目的，以此明确审计报告的用途、目标用户及受影响的其他利益相关者。一般来讲，实施碳排放审计的目的包括参与碳交易项目的需要、满足环保部门碳排放监管的要求、满足资本市场对环境信息披露的要求、履行强制性碳减排义务的需要、自愿性碳信息披露需求等。

3. 确定审计范围

审计师应考虑法律、财务和地理位置等因素，确定审计对象的组织边界和运营边界；与委托方商讨确定进行审计的空间范围；根据审计需要确定时间范围，在此期间搜集所需要的数据和资料并量化其温室气体排放的表现。

4. 商定保证等级

保证等级是在碳排放审计过程开始之前，根据委托方要求与目标用户的需求确定的。保证等级一般分为合理保证和有限保证两类。合理保证是指提供一个合理但不是绝对的保证等级，表示责任方的温室气体声明是实质性正确的。有限保证要求审计师提供有限的保证等级，确保目标用户知晓保证等级。

5. 确保审计师的独立性

审计小组每位成员以及整个审计机构都应该达到相应的独立性要求，避免与责任方及目标用户之间存在实际或潜在的利益冲突。

6. 检查专业能力

鉴于碳排放审计的特殊性和专业性，审计团队除了要求掌握一般的审计、风险评估技术以外，还要求掌握相关法律法规、环境科学、温室气体排放的核算、监测和报告等相关技术。审计机构承接业务前必须严格检查审计团队的专业能力是否能够满足业务需要，并考虑是否需要寻求碳排放核算专家的帮助。一旦决定接受业务委托，审计师应当与委托方就审计约定条款达成一致意见并签订业务约定书，以明确各方的责任。

（二）计划审计工作

在确定接受业务委托之后，审计师应当编制审计计划，包括总体审计计划和具体审计计划。在编制计划时应考虑以下事项：

1. 确定审计操作范围

审计需要关注三类范围的碳排放源。范围一为直接排放，范围二为间接排放，范围三为其他间接排放。范围一和范围二排放是必须进行识别和量化的，范围三排放可依据组织参加温室气体管理方案和组织自身的管理目标，选择部分或全部项目进行审计。

2. 分配审计资源

碳排放审计计划应清楚说明审计资源的规划和调配，包括：向具体审计领域调配的资源；向高风险碳排放领域分派有适当经验的项目组成员，就复杂的问题寻找碳技术专家帮助等。

3. 确定重要性水平

一个或若干个累计误差、遗漏或错误解释可能对温室气体声明或目标用户的决策造成影响。在碳排放审计中，既涉及碳排放量等可量化信息，又包括碳排放活动执行情况等不可量化信息。因此，在审计计划中应当综合考虑，确定重要性水平。

（三）风险识别、评估与应对

1. 风险识别

责任方排放二氧化碳等温室气体，是由其经营活动的需要产生的，更严格地说是由碳排放活动造成的。因此，审计师在审计过程中应该从问题产生的根源入手，了解碳排放活动并识别由此产生的碳排放风险。审计师应当对企业的碳排放活动进行全面了解，并借助风险调查法、经营模型分析法、碳足迹分析法等工具识别碳排放风险。

2. 风险评估

在识别碳排放风险后，审计师应首先评估该项风险是否会导致温室气体声明出现错报并带来错报风险；其次确定该项错报风险是与温室气体声明整体相关，还是与具体的某一认定相关；最后将碳排放风险与错报风险联系起来，考虑该项错报风险发生的可能性以及重要性，借助定性分析法、风险因素分析法、风险矩阵分析法，评估其是否为温室气体声明重大错报风险。

3. 风险应对

针对整体层面的重大错报风险，审计师应实施总体应对措施。针对认定层次的重大错报风险，审计师应实施进一步审计程序，包括针对内部控制实施的碳管理控制测试和实质性程序。

（四）鉴证结论和鉴证报告

审计师在完成所有的审计程序后，应当汇总和评价所有的审计证据，并根据所获取的各种审计证据，运用专业判断，形成审计意见并完成审计工作。

审计报告分为合理保证和有限保证两种。如果均出具标准无保留意见，前者的措辞为："根据所实施的过程和程序，认为温室气体声明在实质上具有正确性，公正地表达了温室气体数据和信息"，后者的措辞为："根据所实施的过程和程序，无证据表明声明不具有实质上的正确性，或未公正地表达温室气体数据和信息，或未根据有关量化、监测和报告的国际标准或有关国家标准编制"。如果声明中仍存在一个或若干个累计误差、遗漏或错误解释，对声明的公允性和目标用户的决策造成影响，或由于各种原因无法获取充分适当的审计证据时，审计师要根据问题的严重程度和影响范围出具其他类型的审计意见，如增加强调事项段、出具保留意见、出具否定意见或无法表示意见。

此外，该阶段还要充分发挥审计的咨询功能，针对审计过程中发现的责任方碳管理制度方面的缺陷，以管理建议书的形式提出改进建议。针对碳排放实际状况，帮助责任方识别节能减排潜力，判断潜在的机会和风险。

三 碳审计的结果

（一）碳审计结果的界定

根据经典审计理论，审计结果是审计过程的直接产出，主要包括审计发现、审计结论、审计建议和审计信息。碳审计业务有多种类型，不同的碳审计业务产生不同的碳审计结果。基本情况如表 8-6 所示。

表 8-6　碳审计结果

碳审计结果	碳审计业务类型				
	碳财务审计	碳合规审计	碳绩效审计	碳制度审计	碳综合审计
碳审计发现	√	√	√	√	√
碳审计结论	√	√	√	√	√
碳审计建议	√	√	√	√	√
碳审计信息	√	√	√	√	√

注：√表示有这种情形。

资料来源：郑石桥. 论碳审计结果及其运用 [J]. 财会月刊, 2022 (17)：94-98.

碳审计发现是在审计取证过程中发现的偏离既定标准的碳排放相关事项。对于不同类型的业务，碳审计发现的具体情形不同。在碳财务审计中，碳审计发现是指碳排放相关财务信息虚假。在碳合规审计中，碳审计发现是指违规违法的碳排放相关行为。在碳绩效审计中，碳审计发现包括碳排放相关绩效数据虚假与碳排放相关绩效低下两方面。在碳制度审计中，碳审计发现是指碳排放相关制度缺陷，包括碳排放相关制度设计缺陷与碳排放相关制度未得到有效执行两方面。在碳综合审计中，由于涉及多个碳审计主题，因此碳审计发现也涉及多种类型，但是不会超出上述四种碳审计基本业务中的审计发现。

碳审计结论是围绕碳审计事项或碳审计主题形成的整体判断或结论。在碳财务审计中，碳审计结论是对特定的碳财务信息作为一个整体的真实性结论。在碳合规审计中，碳审计结论是对特定的碳排放相关行为作为一个整体的合法性结论。在碳绩效审计中，碳审计结论包括对碳排放相关绩效信息的整体真实性和对碳排放相关绩效整体水平两方面的结论。在碳制度审计中，碳审计结论是对碳排放相关制度整体有效性的结论。在碳综合审计中，由于其涉及的碳审计主题较多，因此需要区分不同的碳审计主题，分别形成审计结论。

碳审计建议是审计人员对碳审计中发现的问题提出针对性的改进建议。碳审计建议可以分为微观审计建议和宏观审计建议两类。微观审计建议是针对特定的审计客体在碳排放治理中存在的问题而提出的审计建议，对于碳排放治理制度缺陷，采纳碳审计建议可完善该审计客体的碳排放治理制度。宏观审计建议是审计机构针对碳排放治理相关政策及法律法规存在的问题提出的审计建议，通常是提给政府的碳排放治理主管部门，针对碳排放治理相关体制机制。采纳审计建议可以完善碳排放治理相关政策及消除法律法规中的缺陷，进而优化碳排放治理相关体制机制。

碳审计信息是以碳审计中的重大发现为基础，提供给利益相关者的审计信息。碳审计信息主要有两种情形：一是碳审计中发现的大案要案，为及时有效地进行处置，审计机构有必要将该大案要案的相关情况及时地报告给有关领导；二是通过多个相关的碳审计项目发现一些普遍性、倾向性问题，审计机构有必要将这些问题及时地报告给有关领导或通报有关碳排放主管部门并及时解决。

从四种碳审计结果的表现形式来看，碳审计信息通常以信息或专报作为载体，碳审计发现和碳审计结论通常以审计报告作为载体，碳审计建议既可以选择审计报告（详式审计报告）作为载体，也可以单独采用碳审计建议书的形式。

（二）碳审计结果的运用

审计结果的运用者包括资源类委托代理关系中的委托人、资源类委托代理关系中的代理人、审计机构，以及其他利益相关者。因此，需要以资源类碳排放委托代理关系为基础，分析碳审计结果的运用。

委托人通常是碳审计需求者，其希望通过碳审计来约束代理人在履行碳排放经管责任中的代理问题和次优问题，故碳审计结果运用是其审计目标能否实现的关键。委托人应高度重视碳审计结果的运用，主要有以下方式：①督促作为碳审计客体的代理人进行审计整改；②在权力范围内对碳审计问题的责任者进行追究；③根据审计机构提出的涉及委托人事项的审计建议进行制度完善；④在委托人自身的相关决策中运用碳审计结果；⑤将碳审计结果及运用情况作为对代理人考核、评价、任免的重要依据。

代理人通常是碳审计客体，在碳审计结果运用方面承担的责任体现在以下方面：①对碳审计发现的问题进行纠正；②对碳审计发现问题的责任者进行责任追究；③采纳碳审计机构提出的审计建议以完善本单位的碳排放治理体系；④按要求向审计机构及主管单位提交碳审计整改计划、整改报告，公示碳审计整改结果；⑤将碳审计结果以专门报送或对社会公告的方式传递给信息接收者。

审计机构是碳审计结果的生产者，在碳审计结果运用方面发挥推动作用。碳审计机构采取以下方式来推动碳审计结果的运用：①向碳审计委托人报告碳审计结果；②获得授权时对外公告碳审计结果；③对于获得授权的问题做出处理决定，对于未能获授权进行处理的事项移送相关主管部门；④获得授权时对碳审计过程中所发现问题的责任者进行责任追究，未获得授权时将责任者的处理事项移送有权处理的部门；⑤跟踪检查碳审计客体的整改情况，对每个碳审计项目形成整改报告；⑥对于碳合规审计、碳绩效审计、碳制度审计和碳综合审计项目，开展后续审计以检查碳审计整改情况。

第四节　碳审计的标准

目前，一些国际组织制定了独立的碳审计标准，还有一些国际组织将碳审计准则作为其他审计准则的组成部分。代表性的碳审计标准如表 8 - 7 所示。

表 8 - 7　代表性的碳审计标准

准则（标准）名称	发布机构	发布时间
ISAE 3410《温室气体排放声明鉴证约定》	国际审计与鉴证准则理事会（The International Auditing and Assurance Standards Board，IAASB）	2012 年
ISO 14064 - 3《温室气体核证标准》	国际标准化组织（International Organization for Standards，ISO）	2006 年
AA1000 审验标准	AccountAbility	1995 年
《ESG 鉴证报告（技术公告）》	香港会计师公会（The Hong Kong Institute of Certified Public Accountants，HKICPA）	2020 年
《可持续发展信息（包括温室气体排放信息）的鉴证业务》	美国注册会计师协会（American Institute of Certified Public Accountants，AICPA）	2017 年

一　国际审计与鉴证准则理事会的 ISAE 3410 准则

2012 年，国际审计与鉴证准则理事会发布了《鉴证业务国际准则第 3410 号：温室气体排放声明鉴证约定》（ISAE 3410）。ISAE 3410 准则通过制定保证服务准则，规范被鉴证单位温室气体报告的鉴证业务，满足利益相关方对可持续发展报告的鉴证要求。ISAE 3410 准则明确了碳排放鉴证业务的鉴证主体、客体、目标、范围、保证程度及审计程序等基本内容。

（一）鉴证主体

执行温室气体报告鉴证业务的人员不仅应当具备鉴证方面的能力和必要素质，还需具备量化和报告温室气体排放等方面的能力，包括：了解气候科学，了解被鉴证单位温室气体报告信息的预期使用者与使用方式，了解相关排放交易计划和市场机制等。当温室气体报告鉴证业务较为复杂时，可能要求执业人员具备特定领域的专业知识，包括信息系统专业知识以及科学和工程专业知识。

（二）鉴证客体

ISAE 3410 主要对企业的温室气体报告进行鉴证，当温室气体报告是可持续发展报告的一部分时，ISAE 3410 只适用于对温室气体报告进行指导，其他部分由 ISAE 3000 进行指导。下列事项不在 ISAE 3410 的指导范围内：①温室气体报告以外的排放报告，但不包括氮氧化物和二氧化硫；②其他与温室气体相关的信息，如产品的生命周期足迹、假设的基线信息和关键绩效指标计算；③对企业碳减除量适当性的鉴证。

（三）鉴证目标

首先，对温室气体报告是否不存在由于舞弊或错误导致的重大错报获取合理保证或有限保证，使执业人员能够提出合理保证或有限保证结论。

其次，根据鉴证结果，报告下列事项：①在合理保证下，温室气体报告是否在所有重大方面按照适用的标准编制；②在有限保证下，基于实施的程序和获取的证据，是否存在任何事项使执业人员相信温室气体报告未在所有重大方面按照适用的标准编制。

最后，按照温室气体报告鉴证业务准则的规定，根据鉴证结果进行沟通。

（四）鉴证范围

ISAE 3410 支持世界资源研究所（WRI）和世界可持续发展理事会（WBCSD）对碳排放的范围划分，并要求对企业温室气体报告的范围一和范围二排放进行审计。但针对报告的范围三排放，ISAE 3410 提出不提供审计的情况：①一家企业的范围三排放量远大于范围一和范围二排放量时，若没有报告范围三则不适合进行审计；②当企业纳入温室气体报告的范围三排放不具有合理的依据，尤其是不需要负担重大责任的排放时，不适合进行审计；③当企业记录范围三排放的数据来源不可靠、不能获取充分适当的证据且范围三排放不重大时，不予审计；④当企业使用的计量方法严重依赖估计并导致报告的排放量具有较大不确定性时，不提供审计。

（五）鉴证保证程度

ISAE 3410 碳排放审计可以是合理保证或有限保证。这两种保证程度对温室气体报告的鉴证要求存在以下区别。

（1）在了解被审计单位及其环境方面，有限保证业务识别和评估的重大错报风险广度和深度应小于合理保证业务。特别是，有限保证业务不需要像合理保证业务一样了解被审计单位的所有内部控制，且不需要评估控制设计和执行的有效性。

（2）在识别和评估重大错报风险方面，有限保证业务鉴证的广度和深度应小于合理保证业务，且有限保证业务不需要将重大错报风险降低至可接受的低水平。

（3）在进一步审计程序方面，执行业务的人员需要根据保证程度决定执行鉴证程序的性质、时间和范围，如果意识到温室气体报告存在重大错报，则必须改变鉴证程序的性质和范围，并要求项目组展开进一步讨论。

（4）在鉴证报告方面，温室气体报告鉴证业务的保证水平不同，对应的表述也存在差异。温室气体鉴证报告通常以合理保证形式出具需遵循准则的语言并简要介绍程序，帮助预期使用者了解该业务，确保已获得充分适当的审计证据并以积极方式表达结论。在有限保证业务中，仅需要采用简洁、客观的语言编写报告，使预期使用者准确地理解结论。

（六）审计程序

在审计温室气体报告时，无论是合理保证业务还是有限保证业务，均可根据评估的重大错报风险选择检查、观察、函证、重新计算、重新执行、分析性程序、询问等审计程序，但某些类型的审计程序，如询问和分析性程序，作为获取证据的主要手段是不恰当的，主要原因如下：

（1）碳排放信息的性质与财务信息完全不同。由于特定的物理或化学性质、特殊排放及其他测量等因素的影响，碳排放信息不能被完全记录且与财务信息的审计风险不同，因此必须设计合理的分析性程序。但某些情况下分析性程序很少适用，用作支持保证性水平的证据时经常失效。

（2）温室气体报告鉴证业务的性质变化较大。例如，当有限保证仅与办公室电力排放有关时，可能涉及多种设施的物理或化学排放过程，该过程也可能与供应链中的各种实体相关。为了有效地评估及应对风险，可根据不同的鉴证环境选择不同的审计程序。

二 | 国际标准化组织的 ISO 14064－3 标准

2006 年，国际标准化组织发布了 ISO 14064《温室气体核证标准》。该标准通过规定温室气体资料和数据管理、汇报、验证模式，推行使用标准化的方法计算和验证温室气体排放量数值，确保测量方式在全球任何地方保持一致。

该标准包括三个部分。

1．ISO 14064 – 1《**温室气体—第一部分：在组织层面温室气体排放和移除的量化和报告指南性规范**》

该标准详细规定了设计、开发、管理和报告组织或公司温室气体清单的原则和要求。它包括确定温室气体排放限值，量化组织的温室气体排放，清除并确定公司改进温室气体管理具体措施或活动等要求。同时，标准还具体规定了有关部门温室气体清单的质量管理、报告、内审及机构验证责任等方面的要求。

2．ISO 14064 – 2《**温室气体—第二部分：在项目层面温室气体排放减量和移除增量的量化、监测和报告指南性规范**》

该标准着重讨论减少温室气体排放量或加快温室气体清除速度的项目，如风力发电、碳吸收和储存项目。该标准包括确定项目基线和与基线相关的监测、量化和报告项目绩效的原则和要求。

3．ISO 14064 – 3《**温室气体—第三部分：有关温室气体声明审定和核证指南性规范**》

该标准阐述了实际验证过程。它规定了核查策划、评估程序和评估温室气体等要素。ISO 14064 – 3 可用于组织或独立的第三方机构进行温室气体报告审定及核查。

图 8 – 2 列示了 ISO 14064《温室气体核证标准》三个部分之间的关系。

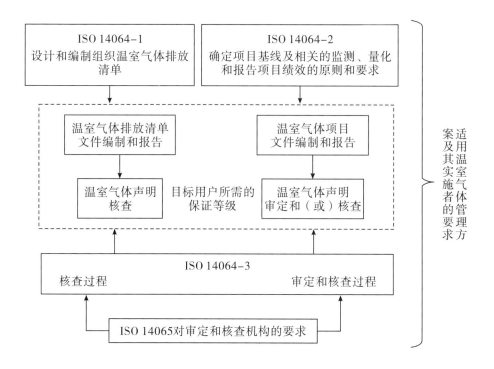

图 8 – 2　ISO 14064 各部分之间的关系

资料来源：ISO 14064 – 3《温室气体—第三部分：有关温室气体声明审定和核证指南性规范》。

（一） 标准范围

ISO 14064 – 3 标准规定了管理和实施温室气体声明审定与核查的原则和要求，并为此提供可用于组织或项目温室气体量化的指南，包括根据 ISO 14064 – 1 和 ISO 14064 – 2 所开展的温室气体量化、监测和报告，规定关于审定员和核查员的选择，确定保证等级、目标、准则和范围，建立审定与核查方法，评价温室气体数据、信息、信息系统及其控制标准，规范温室气体声明评价，制定审定与核查陈述的编制等方面的要求。

（二） 审定与核查要求

1. 审定员与核查员

从事审定或核查活动的审定员与核查员应具备与其作用和职责相适应的能力和职业素养，保持应有的独立性，避免与责任方及温室气体信息目标用户之间存在潜在或实际的利益冲突；在审定或核查过程中应恪守道德，真实准确地反映审定与核查活动、结论和报告，满足责任方遵守的标准或温室气体方案的要求。

2. 审定与核查的保证等级、目的、准则、范围和实质性

保证等级是指在审定或核查过程开始之前，审定员或核查员与委托方共同商定审定或核查的保证程度。审定目的是对责任方实施的温室气体项目可能产生温室气体减排或清除的评估。准则是由审定或核查机构共同商定、责任方遵从的标准或温室气体项目规定的原则。范围主要包括组织边界或温室气体项目，即其基准线情景，组织或项目的基础设施、活动、技术和过程，温室气体源、汇、库、类型和时间段。在前述的基础上，根据目标用户的需求规定允许的实质性。

3. 审定或核查的途径

审定员或核查员应对组织或项目的温室气体信息进行评估，以评价其代表委托方从事的审定或核查活动的性质、规模和复杂程度，责任方的温室气体信息和声明的置信度和完整性，责任方参与温室气体方案的资格。

如果责任方所提供的信息不足以对组织或项目的温室气体信息进行评审，审定员或核查员应停止审定或核查。若未能继续进行审定或核查，应从三个方面评价潜在的误差、遗漏和错误解释：①发生实质性偏差的固有风险；②组织或温室气体项目不能防止或发现实质性偏差的风险；③审定员或核查员未发现的对于组织或温室气体项目的实质性偏差风险。

在进行审定或核查的过程中，可借助审定计划、核查计划、抽样计划等开展工作。

4. 对温室气体信息系统及其控制的评价

审定员或核查员应对组织或项目的温室气体信息系统及其控制体系进行评价，以确定潜在误差、存在遗漏和错误解释的出处。审定员或核查员要考虑下列因素：对温室气体数据和信息的选择和管理，收集、处理、整合和报告温室气体数据和信息的过程，保证温室气体数据和信息准确性的体系和过程，温室气体信息系统的设计和保持，支持温室气体信息系统的体系和过程，之前的评价结果等。

5. 对温室气体数据和信息的评价

审定员或核查员应通过审查温室气体数据和信息获取证据，对组织或项目的温室气体声明进行评价。这一审查应以抽样计划为基础，若修改抽样计划则应考虑审查的结果。

6. 根据审定或核查准则的评价

审定员或核查员应确认组织或温室气体项目是否遵守了审定或核查准则，在对实质性偏差进行评估时应考虑责任方遵从的标准或温室气体方案规定的原则。

7. 对温室气体声明的评估

审定员或核查员应评估信息系统控制、温室气体数据和信息、适用的温室气体方案、证据的充分性最终是否能够支持温室气体声明。此外，审定员或核查员在评估收集的证据时应考虑温室气体声明是否存在实质性偏差，审定或核查活动是否达到了当初商定的保证等级等，最后得出合适的结论。

8. 审定和核查陈述

审定或核查完成后，审定员或核查员应向责任方提交审定或核查陈述，向目标用户说明审定或核查陈述的保证等级、审定或核查目的、范围和准则。审定和核查陈述应说明温室气体声明的数据和信息属于何种性质，并附上责任方温室气体声明等。

（三）审定与核查过程

对温室气体进行审定与核查时，需要在选择适当的保证等级、确定审计目的、遵循审计准则、规划审计范围和满足实质性审计的前提下，对审定或核查途径进行确定，实施审定或核查的计划与抽样计划。通过对温室气体信息系统的控制评价和温室气体数据与信息的评价两方面，进行温室气体声明评估并发布审定或核查陈述。

审定与核查的具体过程如图 8 - 3 所示。

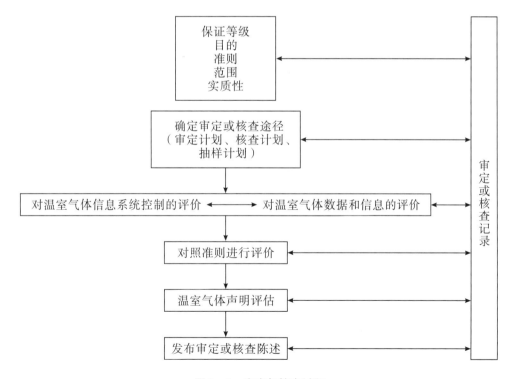

图 8 - 3　审定与核查过程

资料来源：ISO 14064 - 3《温室气体—第三部分：有关温室气体声明审定和核证指南性规范》。

三 AccountAbility 的 AA 1000 审验标准

1995 年，英国社会和伦理责任研究院（Institute of Social and Ethical Accountability）成立了一家非营利性机构——AccountAbility，其宗旨是提高社会责任意识，实现可持续发展。它通过制定 AA 1000 系列标准，为各种组织提供有效的社会责任审计和社会责任管理工具及标准，提供专业的开发和认证服务。

（一）AA 1000 审验标准的内容

1. AA 1000 审验标准的承诺

AA 1000 系列标准遵从社会责任的基本理念。凡是采纳 AA 1000 的机构都必须承诺遵守"包容性"要求：一是承诺识别并了解自身的社会、环境、经济绩效及影响，以及利益相关方的看法；二是承诺在政策和实践方面，考虑以一致的方式回应利益相关方的期望和需求；三是承诺为自己的决策、行动和产生的影响向利益相关方做出解释。

2. AA 1000 审验标准的原则

AA 1000 系列标准要求机构遵循"实质性、完整性、回应性"三项原则。实质性原则，要求审验方对报告方是否已在其报告中包含了利益相关方所需要的企业社会责任绩效的相关信息进行声明，以确保利益相关方能够根据这些信息做出判断、决策和行动。完整性原则，要求审验方评估报告方能够在何种程度上识别并理解其社会责任绩效。回应性原则，要求审验方必须评估报告方是否对利益相关方关注的问题、政策、相关标准做出回应，并在其报告中对这些回应做出充分的说明。

（二）AA 1000 审验声明的具体规定

审验声明应指明报告的可信度，以及报告方传递相关信息、支持机构绩效的基本系统、程序、能力的可信度。按照 AA 1000 的审验标准要求，一份审验声明必须包含以下元素：①关于 AA 1000 审验标准的使用声明；②对审验工作的基本描述（强调审验级别）；③根据实质性、完整性和回应性原则，就报告的质量以及支持机构绩效的基本系统、程序、能力做出的结论；④附注内容，即描述报告方与上次报告相比取得的进步和对未来的建议；⑤审验方能够证明其独立性、公正性和资质能力的公开信息。

（三）AA 1000 审验标准的解读

1. 审验的涵义

审验是一种评估方法，使用一套详细制定的原则和标准，经过专业的检测、审核、评估、确认等程序，评价企业社会责任报告的质量和保证企业社会责任绩效的管理体系、流程和能力。

2．审验的目的

第一是遵守法规要求，如财务报告和环境报告；第二是为了赢得利益相关方的信任；第三是确保提供可靠的消息，以帮助管理层、股东及其他利益相关方做出更好的决策；第四是帮助机构学习审验所应用的标准和程序，以提高管理体系并改善报告质量；第五是为企业的利益相关方提供关于报告信息的可信度。

3．审验的使用

AA 1000 审验标准主要供审验方使用，同时也有助于其他的使用者理解。对发布社会责任报告的企业，该标准可用于测评、计划、描述和监督其审验的实施，并指导董事会监督非财务信息的披露。对发布报告企业的利益相关方，该标准可用于质询和测评审验及相关报告的质量。对其他标准和政策制定机构，该标准有助于制定各自的标准，指导报告和审验的内容。对于专业的开发和培训从业者，该标准有助于培养自身在审验机构责任方面的专业能力。

四　香港会计师公会的 《ESG 鉴证报告 （技术公告）》

2020 年，香港会计师公会发布了《ESG 鉴证报告（技术公告）》。该技术公告是基于 ISAE 3000 指引进行编制的。ISAE 3000 涵盖了各种鉴证业务，包括内控有效性报告鉴证、可持续发展报告鉴证等。《ESG 鉴证报告（技术公告）》在鉴证目的、标准、机构、对象、保证程度等方面加快完善规则制定与设计，积极推进强制性鉴证，向合理保证鉴证过渡。

（一） 鉴证目的

ESG 鉴证业务旨在提高鉴证对象信息的可信度。注册会计师通过收集充分、恰当的证据来评价某一对象是否在所有重大方面符合适当的标准，并出具报告。一方面，ESG 鉴证要明确鉴证方、责任方和预期使用者的三方关系，并以此为基础确定鉴证目的；另一方面，ESG 鉴证的预期使用者较为广泛，涉及投资者、债权人、客户、供应商、政府、监管部门、非政府组织等。

（二） 鉴证标准

鉴证标准是鉴证对象度量的标尺，应当同时具备相关性、完整性、可靠性、中立性、可理解性这五项特征。从广义看，ESG 鉴证涉及两类标准：一是编报标准，规范如何披露信息；二是鉴证标准，规范鉴证信息的质量。鉴证标准的制定通常以编报标准为基础。

1．ESG 信息披露标准

ESG 信息披露标准需要兼顾全球发展的共性和发展中国家的特性，兼顾国内实际和国际经验、正面信息和风险信息、效果信息和过程信息、一般披露和特殊项目、总量信息和颗粒度信息，突出行业特征和管理需求的政策性和适用性，推动通用标准与行业标准的有效衔接。

2. ESG 鉴证标准

ESG 鉴证标准主要规范鉴证程序和鉴证质量控制措施，具有较强的通用性，与 ESG 披露标准相比更易于实现国际趋同。ESG 鉴证标准分为以下三方面：一是在满足行业特征的通用鉴证目的需求后，制定专门的 ESG 鉴证准则；二是制定温室气体排放鉴证准则；三是循序渐进实施 ESG 强制鉴证。

（三）鉴证机构

选择会计师事务所作为鉴证机构主要有两方面的原因。一方面，由于 ESG 鉴证受财务信息鉴证的影响较大，所以企业应优先选择由会计师事务所提供相关服务。另一方面，作为鉴证会计信息质量的专业机构，注册会计师的专业化和标准化执业行为增强了信息的可信任程度。

会计师事务所在严格的外部监管、完善的鉴证程序和质量管理体系下，承接 ESG 鉴证业务能够与财务信息审计产生协同效应，增强社会审计的监督作用。但是会计师事务所的 ESG 知识储备和专业人才积累有待提高，所以要合理借助 ESG 专业认证机构的专家意见，发挥互补作用。同时，会计师事务所应当将 ESG 鉴证服务与相关咨询服务相分离，确保鉴证的独立性。

（四）鉴证对象

ESG 鉴证范围通常不会涵盖报告的所有数据和文字表述，主要是因为对 ESG 报告包含的大量主观信息难以获取充分的鉴证证据。因此 ESG 鉴证对象宜为部分核心关键指标及其解释说明，而非 ESG 报告本身。该技术公告对 ESG 指标及其披露口径制定了较为明确的规范，明确 ESG 鉴证的强制性指标和选择性指标，其中强制性指标须经鉴证后披露，选择性指标可根据金融机构意见并结合鉴证机构专业能力决定。

（五）鉴证保证程度

鉴证的保证程度分为合理保证和有限保证两类。

合理保证是以积极方式对鉴证对象发表意见提供合理保证，往往通过检查、观察、询问、函证、重新计算等方式获取充分、恰当的证据，所需的证据数量较多且鉴证业务风险较低。

有限保证是以消极方式对鉴证对象发表意见提供有限保证，由于证据收集程序受到限制，主要采用询问和分析程序获取证据，所需证据数量较少且鉴证业务风险较高。

五 | 美国注册会计师协会的 《可持续发展信息 （包括温室气体排放信息）的鉴证业务》

2017 年，美国注册会计师协会发布了《可持续发展信息（包括温室气体排放信息）的鉴证业务》。该指南内容包括在审查企业可持续发展信息时解释和应用认证标准的指导：

①根据明确认证的鉴证准则，提供可持续发展信息审查和复核工作指南；②更新温室气体排放鉴证业务的相关指南，以取代美国注册会计师协会的《标准作业程序：温室气体排放信息鉴证业务》；③审查和复核程序采取并行列示方式，有利于读者对这两种程序加以区分；④针对鉴证过程可能遇到的情况，编写管理层声明书和会计师报告；⑤针对明确认证的鉴证准则尚未涉及的特定事项提供指导；⑥面对专家使用问题扩展相关指导。

该指南适用于可持续发展报告的所有方面，包括环境、社会和治理领域在内，推动实现可持续发展信息鉴证业务的一致性。

》》本章小结 《《

本章介绍的是碳审计的基本内容，包括涵义与主题，主体与客体，方法、步骤和结果以及相关标准四个部分。

碳审计是指按照系统方法对碳排放经管责任的履行情况进行独立鉴证，并将结果传达至利益相关方的治理制度安排。可根据审计对象承载者与审计业务类型对碳排放的信息、行为和制度三方面主题进行归类。碳审计逐步形成由政府、社会、内部三个主体组成的"三位一体"碳审计体系。碳审计客体依据碳排放的活动观、信息观、单位观、来源观进行界定，并根据产品或服务、建筑物、特定区域、项目展开具体分类。

实施碳审计过程时，一方面从组织方式和取证模式对方法进行界定，另一方面从通用和专用两类方法进行选择，然后实施审计准备、审计取证、审计报告、后续审计四个步骤，最后根据不同审计业务界定审计发现、结论、建议和信息等审计结果，以便完成后续的运用。

国际、国内组织已制定了独立的碳审计标准，并逐步融入其他准则的组成部分，如ISAE 3410 准则、ISO 14064-3 标准、AA 1000 审验标准、《ESG 鉴证报告（技术公告）》、《可持续发展信息（包括温室气体排放信息）的鉴证业务》等。

》》思考与业务题 《《

1. 简述碳审计的概念。
2. 选择碳审计主体的基本原则有哪些？
3. 碳审计的业务基础与取证模式分别有哪几种？
4. 基于风险导向的碳审计程序设计的核心思路是什么？
5. 阐述碳审计在低碳经济中的作用，以及如何通过碳审计推动企业转型升级。

第九章 碳金融

学习要点

◆ 掌握气候投融资和搁浅资产的概念
◆ 了解气候投融资的发展和主要工具
◆ 认识资产搁浅的原因
◆ 分析搁浅资产的主要风险
◆ 理解应对搁浅资产风险的方法

导入案例

碳债券：南方电网碳中和债

2021 年 2 月，中国南方电网有限责任公司发行了碳中和债，发行规模为 20 亿元，债券期限为 3 年，票面利率为 3.45%，募集资金用于阳江抽水蓄能项目、梅州抽水蓄能项目的建设或置换项目建设贷款。这是粤港澳大湾区首笔碳中和债，经第三方绿色认证机构测算，所募集资金的项目预期可实现年碳减排量 74.35 万吨，具有显著的减碳效果。此外，本次发行碳中和债所支持的项目，建成后可利用其平滑风电、光伏项目发电出力，减少对电网的冲击，提高电力系统对可再生能源的消纳能力，这对提高电力系统安全稳定运行、电网供电质量和可靠性起到了重要作用。

搁浅资产案例

2022 年 12 月 5 日，美国劳伦斯·利弗莫尔国家实验室完成的核聚变实验实现了能量的正收益，即核聚变输出的能量首次超过输入的能量。该实验表明，核聚变有可能成为一种能源，在没有辐射和碳排放的情况下，仅通过提供氢元素就可以实现能量供给。这是人类能源史的里程碑式事件，它使得人类实现零碳丰富巨变能源的可能性迈出重要的一步。对于石油等传统能源行业来讲，如果未来化石燃料被逐步取代，那么其资产可能因此提前终止确认或发生减值，即成为搁浅资产。

第一节　气候投融资

一　气候投融资的概念

气候投融资属于可持续金融和绿色金融的具体领域。

可持续金融涵盖了最广泛的领域，其资金支持范围涉及联合国《2030 年可持续发展议程》中的减贫、社会、教育、性别、就业、气候变化、清洁能源等 17 个可持续发展目标。

绿色金融是为支持环境改善、应对气候变化和资源节约高效利用的经济活动，即对环保、节能、清洁能源、绿色交通、绿色建筑等领域的项目投融资、项目运营、风险管理等所提供的金融服务[①]。绿色金融是可持续金融的组成部分，聚焦于生态环境保护领域。

气候投融资是指为实现国家自主贡献目标和低碳发展目标，引导和促进更多资金投向应对气候变化领域的投资和融资活动，是绿色金融的重要组成部分[②]。气候投融资的支持范围包括减缓和适应两个方面。

（1）减缓气候变化，包括：调整产业结构，积极发展战略性新兴产业；优化能源结构，大力发展非化石能源；开展碳捕集、利用与封存试点示范；控制工业、农业、废弃物处理等非能源活动温室气体排放；增加森林、草原及其他碳汇等。

（2）适应气候变化，包括：提高农业、水资源、林业和生态系统、海洋、气象、防灾减灾救灾等重点领域适应能力；加强适应基础能力建设，加快基础设施建设、提高科技能力等。

图 9 - 1 描述了气候投融资与相关概念之间的关系。

---

① 中国人民银行，财政部，发展改革委，环境保护部，银监会，证监会，保监会. 关于构建绿色金融体系的指导意见 ［Z］. 2016 - 8 - 31.

② 生态环境部，国家发展和改革委员会，中国人民银行，中国银行保险监督管理委员会，中国证券监督管理委员会. 关于促进应对气候变化投融资的指导意见 ［Z］. 2020 - 10 - 21.

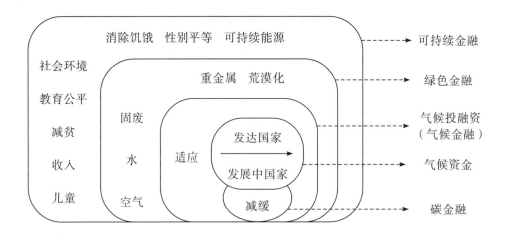

图 9 - 1　气候投融资与相关概念的关系

资料来源：安国俊，陈泽南，梅德文."双碳"目标下气候投融资最优路径探讨［J］.南方金融，2022（2）：3 - 17.

二 气候投融资的发展

（一）我国绿色金融体系的构建

2016 年 8 月 31 日，中国人民银行等七部委联合发布了《关于构建绿色金融体系的指导意见》，明确了绿色金融是指为支持环境改善、应对气候变化和资源节约高效利用的经济活动，即对环保、节能、清洁能源、绿色交通、绿色建筑等领域的项目投融资、项目运营、风险管理等所提供的金融服务。我国的绿色金融体系包括绿色信贷、绿色债券、绿色股票指数和相关产品、绿色发展基金、绿色保险、碳金融等金融工具和相关政策支持经济向绿色化转型的制度安排。这是全球首部由政府主导的绿色金融政策框架，大力促进了我国在信贷、证券市场、基金、保险、环境权益交易市场等金融领域的绿色化建设，推动了各类绿色金融工具的出现与发展。

第一，在绿色信贷方面，我国构建起支持绿色信贷的政策体系，推动银行业自律组织逐步建立银行绿色评价机制；推动绿色信贷资产证券化；引导银行等金融机构建立符合绿色企业和项目特点的信贷管理制度，并支持银行和其他金融机构在开展信贷资产质量压力测试时，将环境和社会风险作为重要影响因素；同时明确贷款人的环境法律责任，将环境违法违规信息等企业环境信息纳入金融信用信息基础数据库，建立企业环境信息的共享机制，为金融机构提供决策依据。

第二，在证券市场方面，完善绿色债券的相关规章制度，统一绿色债券界定标准，探索绿色债券第三方评估和评级标准；支持开发绿色债券指数、绿色股票指数以及相关产品；积极支持符合条件的绿色企业上市融资和再融资，建立、完善上市公司和发债企业强制性环境信息披露制度；引导各类机构投资者投资绿色金融产品。

第三，在绿色发展基金方面，支持设立各类绿色发展基金，引导地方政府通过放宽市场准入、完善公共服务定价等措施，完善收益和成本风险共担机制，支持绿色发展基金所投资的项目；支持在绿色产业中引入 PPP 模式。

第四，在绿色保险方面，在环境高风险领域建立环境污染强制责任保险制度，鼓励和支持保险机构创新绿色保险产品和服务、参与环境风险治理体系建设。

第五，在环境权益交易市场方面，发展各类碳金融产品，推动建立排污权、节能量（用能权）和水权等环境权益交易市场，发展基于碳排放权、排污权、节能量（用能权）等各类环境权益的融资工具，拓宽企业绿色融资渠道。

第六，在绿色金融国际合作方面，在二十国集团框架下推动全球形成共同发展绿色金融的理念，推广与绿色信贷和绿色投资相关的自愿准则和其他绿色金融领域的最佳经验；进一步通过"一带一路"倡议，上海合作组织、中国—东盟等区域合作机制和南南合作等，推动区域性绿色金融国际合作，支持相关国家的绿色投资。

同时，我国继续完善与绿色金融相关的监管机制，强调相关部门的通力协作，并加大对绿色金融的宣传力度，对绿色金融领域的优秀案例和业绩突出的金融机构、绿色企业进行积极宣传，努力形成发展绿色金融的广泛共识。我国支持并鼓励各地区基于当地实际情况，因地制宜开展绿色金融建设，积极探索相应发展路径。

（二）我国应对气候变化投融资的提出

2020 年 10 月 21 日，生态环境部等五部委发布了《关于促进应对气候变化投融资的指导意见》，内容包括总体要求、政策体系、标准体系、地方实践、国际合作、组织实施以及引导民间投资和外资进入气候投融资领域共七个方面。

文件明确了气候投融资是为实现国家自主贡献目标和低碳发展目标，引导和促进更多资金投向应对气候变化领域的投资和融资活动，是绿色金融的重要组成部分，具体包括减缓气候变化和适应气候变化两个方面。此外，文件还提出了我国在气候投融资发展方面的两个主要目标：一是到 2022 年，营造有利于气候投融资发展的政策环境，气候投融资相关标准建设有序推进，气候投融资地方试点启动并初见成效，气候投融资专业研究机构不断壮大，对外合作务实深入，资金、人才、技术等各类要素资源向气候投融资领域初步聚集；二是到 2025 年，促进应对气候变化政策与投资、金融、产业、能源和环境等各领域政策协同高效推进，气候投融资政策和标准体系逐步完善，基本形成气候投融资地方试点、综合示范、项目开发、机构响应、广泛参与的系统布局，引领构建具有国际影响力的气候投融资合作平台，投入应对气候变化领域的资金规模明显增大。

第一，在气候投融资政策体系构建方面，加快了包括环境经济政策引导、金融政策支持及各类政策协同等。第二，在气候投融资标准体系构建方面，努力完善气候项目标准、气候信息披露标准以及气候绩效评价标准，充分发挥标准对气候投融资活动的预期引导和倒逼促进作用。第三，为扩大气候投融资的规模，鼓励并引导民间投资与外资进入气候投融资领域，鼓励"政银担""政银保""银行贷款＋风险保障补偿金""税融通"等合作模式，规范推进政府和社会资本合作（PPP）项目。第四，充分发挥碳排放权交易机制的激励和约束作用，完善碳资产的会计确认和计量，建立健全碳排放权交易市场风险管控机制。第五，引进国际资金和境外投资者，引导合格的境外机构投资者参与中国境内的气候投融资活动。第六，在引导与支持气候投融资地方实践方面，积极开展气候投融资地方试点，营造有利的地方政策环境，并鼓励地方开展模式和工具创新工作，探索差异化发展路径。

（三）国际气候投融资的实践

气候政策倡议组织（Climate Policy Initiative，简称 CPI）发布的《2021 年全球气候投融资报告》（*Global Landscape of Climate Finance 2021*）显示，过去十年气候融资总额稳步增长，由 2011—2012 年的 3 640 亿美元，攀升到 2019—2020 年的 6 320 亿美元。

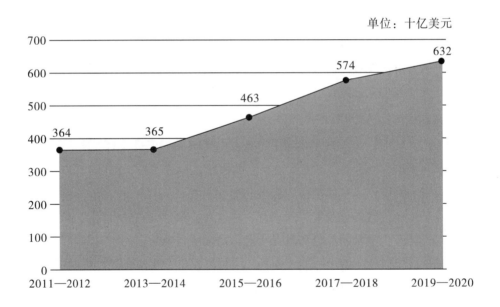

图 9-2　2011—2020 年全球气候融资规模（每两年平均值）

资料来源：气候政策倡议组织《2021 年全球气候投融资报告》。

各地区气候融资的国内与国外资金分布情况如图 9-3 所示。西欧、美国和加拿大以及东亚和太平洋地区的国内气候融资占主导地位，且占全球总气候融资的 76%。在撒哈拉以南非洲和南亚的发展中地区，气候融资中的国际资金来源占比更高，其中大多数资金流向了具有跨部门影响的项目，以及与能源系统、非洲渔业和土地利用相关的项目。

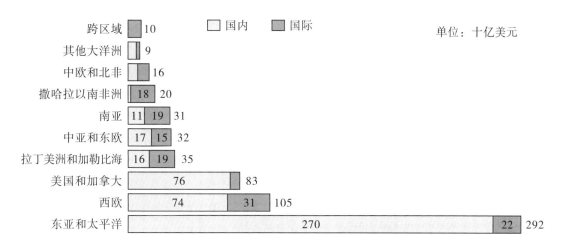

图 9 - 3　各地区 2019—2020 年平均的国内国际气候融资规模

资料来源：气候政策倡议组织《2021 年全球气候投融资报告》。

公共财政部门，包括政府、国有企业和金融机构等，在 2019—2020 年平均每年承诺 3 210 亿美元的气候融资，略高于同一时期气候融资总额的一半，且比其 2017—2018 年的承诺额增加 7%。私营部门，包括非金融公司、商业金融机构（如银行）、家庭、机构投资者（资产管理公司、保险公司和养老基金等），以及私募股权、风险投资和基础设施基金等，则提供了气候融资总额的 49%，在 2019—2020 年平均每年提供 3 100 亿美元，比其 2017—2018 年所提供的 2 740 亿美元增长了 13%。

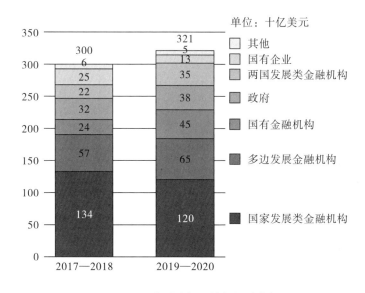

图 9 - 4　公共财政部门的气候融资额

资料来源：气候政策倡议组织《2021 年全球气候投融资报告》。

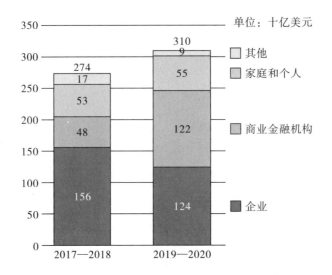

图 9 - 5 私营部门的气候融资额

资料来源：气候政策倡议组织《2021 年全球气候投融资报告》。

在融资工具方面，2019—2020 年，债务是引导气候融资最主要的金融工具，平均每年融资额占融资总额的 61%；其次是股权投资和赠款，其融资额分别占气候融资总额的 33% 和 6%。

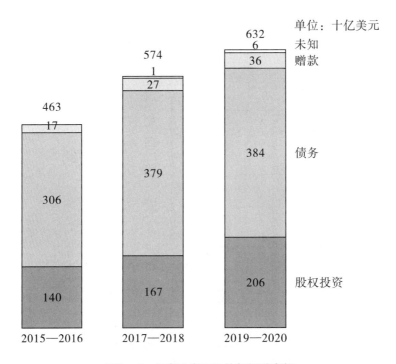

图 9 - 6 各类融资工具的气候融资额

资料来源：气候政策倡议组织《2021 年全球气候投融资报告》。

（四）　我国气候投融资的实践

气候政策倡议组织在 2021 年 2 月发布《中国扩大气候金融规模的潜力》报告，分析了我国 2017 年至 2018 年的绿色和气候金融情况。

2017—2018 年，国内气候金融总额为 4.3 万亿元，年平均为 2.1 万亿元，中国成为同期全球最大的气候金融贡献者。其中，按年平均值计算时，公共主体[①]的资金占气候金融总额的 51%，为 1.1 万亿元；绿色 PPP 项目为 459 亿元，约占气候金融总额的 20%；私有主体[②]的资金占气候金融总额的 24%，为 5 160 亿元。在资金流向方面，按 2017—2018 年的年平均值计算，具有减缓气候风险效益的行业获得了 1.3 万亿元的资金，占气候金融总额的 60%。其中，55% 用于风能和太阳能行业；与适应气候风险相关的项目获得了 560 亿元的资金，占气候金融总额的 4%，这主要是为预防灾害风险和防洪措施筹集的资金，用于建设海绵城市、堤防和排水系统等。在融资工具方面，2017—2018 年我国绝大多数气候金融项目是通过项目级债务来融资的，融资额约为 1 万亿元，其次是项目级股权融资和资产负债表融资。在气候投资的区域分布方面，气候投资主要集中在我国北部和东南部地区，尤其是沿海省份。在北方地区，太阳能项目占主导地位，以河北、山西、陕西和内蒙古为主；风能项目则集中在南方及中南地区，以江苏、广东和河南为主。

三　气候投融资的工具

（一）　气候投融资的信贷工具

商业银行的气候投融资模式包括与国际金融机构合作、与政府基金合作、与地方政府合作，使气候贷款与绿色信贷有效衔接。

赤道原则对气候信贷有积极的推动作用。赤道原则是一套用于确定、评估和管理项目融资过程中所涉及环境和社会风险的自愿性原则，在国际上得到广泛认可。在 2015 年《巴黎协定》明确规定"使资金流向符合温室气体低排放和气候适应型发展的路径"后，2020 年发布的赤道原则第四版（EP4，2020 年 7 月）建议在环境和社会影响评估或其他评估中纳入对潜在气候变化风险的评估，并且引入了公开报告年度温室气体排放水平的要求。赤道原则在气候变化方面与联合国可持续发展目标（SDGs）和《巴黎协定》保持一致，进一步推动了气候投融资信贷工具的应用发展。

---

① 公共主体仅指由国务院直接监督的所有主体，包括中央国资委的 97 家企业及其子公司、省国资委、三家政策性银行、主权财富基金"中国投资公司"及其全资子公司"中国汇金投资有限公司"。

② 私有主体指所有权不清楚或没有表明与政府机构有直接联系的其他主体，包括项目开发商、企业集团、控股公司、私募股权提供者和其他机构投资者。

中国银行业监督管理委员会在 2012 年发布了《绿色信贷指引》和《银行业金融机构绩效考评监管指引》，引导银行开展绿色信贷实践。绿色信贷将信贷资金重点投放到低碳经济、循环经济、生态经济等领域，促进绿色产业、绿色经济的发展。一方面，绿色信贷促使银行建立起全面的环境和社会风险管理体系，在向客户提供金融融资等服务时，评价、识别企业和项目潜在的环境与社会风险，加强环境和社会风险管理；另一方面，绿色信贷推动银行更关注自身环境和社会表现，实现银行业的可持续发展。

2022 年 6 月 3 日，由中欧等经济体共同发起的可持续金融国际平台（International Platform on Sustainable Finance，简称 IPSF）在其官方网站上发布了第二版《可持续金融共同分类目录》（以下简称《共同分类目录》）。这份具有里程碑式意义的目录，通过分析比较，集中展示了中国和欧盟的可持续金融分类目录[①]共同认可的经济活动。《共同分类目录》旨在明确不同分类目录之间的共同点，增强国际上不同分类目录之间的可比性和兼容性，有助于提高全球对绿色和可持续定义的一致性，从而降低绿色投资的跨境成本，撬动更多国际绿色资本。

我国绿色信贷重点支持的产业和项目可分为战略性新兴产业生产制造端和节能环保项目与服务。战略性新兴产业生产制造端包括了新能源汽车、新能源以及节能环保类生产制造。节能环保项目与服务的范围更广，包括绿色农业开发项目，绿色林业开发项目，工业节能节水环保项目，自然保护、生态修复及灾害防控项目，资源循环利用项目，垃圾处理及污染防治项目，可再生能源及清洁能源项目，农村及城市水项目，建筑节能及绿色建筑项目，绿色交通运输项目，节能环保服务项目以及采用国际惯例或国际标准的境外项目。截至 2021 年底，国内 21 家主要银行的绿色信贷余额已达 15.1 万亿元，占其各项贷款的 10.6%[②]。

（二）气候债券

气候债券是与气候变化解决方案相关的固定收益金融工具[③]。它们的发行是为了给气候变化解决方案筹集资金，即用于缓解或适应气候风险的相关项目。

根据气候债券倡议组织（Climate Bonds Initiative，简称 CBI）统计[④]，截至 2020 年底，全球有 420 个气候相关债券发行主体、45 个气候相关债券发行国，并涉及 33 种货币；已发行超过 1 万亿美元的气候相关债券；2020 年全球前十大气候相关债券发行国分别是中国、法国、美国、韩国、英国、加拿大、德国、印度、奥地利、巴西；中国是气候相关债

[①] 指《欧盟可持续金融分类法》（The EU Taxonomy Regulation）。

[②] 苏向杲，杨洁. 银保监会：截至 2021 年末国内 21 家主要银行绿色信贷余额达 15.1 万亿元［N］. 证券日报，2022 - 03 - 23.

[③] 气候债券的概念来自气候债券倡议组织（The Climate Bonds Initiative，简称 CBI），网站：https://www.climatebonds.net。

[④] 引自气候债券倡议组织《2020 年全球气候相关债券市场与发行人报告》。

券最大发行国，占全球总量的 36%，体现出我国气候债券方面的领先性。进一步统计符合气候债券倡议组织标准的认证气候债券，其累计发行量也从 2020 年的突破 1 500 亿美元，扩大到 2021 年的突破 2 000 亿美元①。

气候债券中的碳中和债是主要募集资金专项用于具有碳减排效益的绿色项目的债务融资工具，需满足绿色债券募集资金用途、项目评估与遴选、募集资金管理和存续期信息披露四大核心要素，属于绿色债务融资工具的子品种②。为推动国家碳中和目标的落实，中国银行间市场交易商协会在中国人民银行的指导下，于 2021 年 2 月 9 日正式推出首批 6 只碳中和债。这批碳中和债的发行人包括华能国际、国家电投、南方电网、三峡集团、雅砻江水电和四川机场集团，合计发行规模为人民币 64 亿元。项目募投涉及多个领域，其中风电项目 4 个、水电项目 4 个、光伏项目 2 个、绿色建筑 1 个，均为低碳减排领域。根据评估认证报告，这 6 只碳中和债对应支持的绿色项目预计每年可减排二氧化碳 4 164.69 万吨，节约标准煤 2 256.79 万吨，减排二氧化硫 2.09 万吨。

（三）气候基金与碳基金

1. 气候基金

气候基金是气候资金的一种管理机制，是为了支持应对气候变化行动而设立的资金操作实体，经过近 30 年的发展已经成为气候资金最重要的管理方式③。

国际上，气候基金自 1992 年开始出现，经历了起步阶段（1992—2001 年）、发展阶段（2001—2009 年）以及调整阶段（2009—2012 年）。1996 年美国成立社会投资论坛（USSIF）后，绿色基金开始步入快速发展的阶段。2012 年，气候基金迈入了以绿色气候基金（GCF）为主的新阶段。由于金融市场的发展程度不同，绿色基金在不同市场上有不同表现。在美国和西欧，绿色基金的发行主体主要为非政府组织和机构投资者，而在日本，则以企业为主。表 9-1 是当前全球主要气候基金概况。

表 9-1　全球主要气候基金概况

基金名称	设立背景	投资领域	基金成就
全球环境基金（GEF）	由联合国开发署、联合国环境署和世界银行于 1991 年成立全球环境基金	为可再生能源、能效提升、可持续交通和智慧农业在内的减缓项目和一部分适应项目提供赠款支持	截至 2017 年，已为全球 170 个国家提供了超过 170 亿美元的赠款，并通过各种渠道撬动了额外 880 亿美元的联合融资

① 统计数据来自气候债券倡议组织。
② 中国银行间市场交易商协会. 关于明确碳中和债相关机制的通知 [Z]. 2021-03-18.
③ 柴麒敏，安国俊，钟洋. 全球气候基金的发展 [J]. 中国金融，2017 (12)：51-52.

（续上表）

基金名称	设立背景	投资领域	基金成就
最不发达国家基金（LDCF）	2001年，由《马拉喀什协定公约》第七次缔约方会议决定设立最不发达国家基金	为世界最不发达国家应对气候变化项目提供资金支持	截至2018年2月，共筹集资金12.11亿美元，并撬动联合融资超过480亿美元，为51个国家提供了资金支持
气候变化特别基金（SCCF）	2001年，由《马拉喀什公约》第七次缔约方会议决定设立气候变化特别基金	为应对气候变化活动提供资金支持	截至2018年2月，共筹集资金3.52亿美元
适应基金（AF）	2007年，在巴厘岛召开的《京都议定书》第三次缔约方会议通过决议成立适应基金	为解决气候资金机制对适应领域资助力量不足和受援国申请资金困难等问题提供资金支持	截至2018年2月，共筹集资金7.16亿美元
绿色气候基金（GCF）	2010年，坎昆世界气候大会达成《坎昆协议》，决定成立绿色气候基金	推动发展中国家实施气候变化相关政策措施，提供充足的可预见的财政资源	

资料来源：安国俊，陈泽南，梅德文. "双碳"目标下气候投融资最优路径探讨［J］. 南方金融，2022（2）：3-17.

我国代表性的气候基金有中国清洁发展机制基金和气候变化南南合作基金。

中国清洁发展机制基金是由国家批准设立的政策性基金，按照市场化模式进行运作，是我国也是发展中国家首次设立的国家层面专门应对气候变化的基金，是开展应对气候变化国际合作的一项重要成果。基金的资金来源包括通过 CDM 项目转让温室气体减排量所获得收入中属于国家所有的部分，基金运营收入，国内外机构、组织和个人捐赠以及其他来源四部分。基金的使用则包括赠款和有偿两种方式。

气候变化南南合作基金在2015年9月由我国宣布出资200亿元人民币建立，在发展中国开展低碳示范区、减缓和适应气候变化项目、应对气候变化培训合作项目，帮助其他发展中国家应对气候变化。至2021年初，我国已与34个国家开展了合作。这一贡献得到国际社会一致好评，展现了中国积极参与气候变化国际合作的负责任大国风范。

2. 碳基金

气候基金着重于对发展中国家的气候援助，碳基金则主要投资于碳信用、碳交易，在实务中气候基金与碳基金往往较难区分①。

根据出资人的不同，碳基金的主要形式有三种。第一种是公共基金，由政府承担所有出资，国际上典型的公共基金有芬兰碳基金、英国碳基金、奥地利碳基金、瑞典 CDM/JI 项目基金等。第二种是公私混合基金，由政府和私有企业按比例共同出资，这是国际上碳基金最常见的一种资金募集方式，典型代表是世界银行参与设立的原型碳基金（Prototype Carbon Fund，简称 PCF）、意大利碳基金、德国复兴信贷银行（KFW）碳基金、日本碳基金等。第三种是私募基金，如德国的 Merzbach 夹层 1 号基金（Merzbach Mezzanine Fund 1，简称 MMF1）、气候变化资本碳基金Ⅰ和Ⅱ等。表 9 - 2 是我国具有代表性的碳基金。

表 9 - 2　我国代表性碳基金

基金名称	年份	设立机构	概况
中国清洁发展机制基金	2006	国务院	政策性基金，按照社会性基金模式管理，致力于促进经济社会可持续发展、支持国家应对气候变化工作
中国绿色碳基金	2007	中国绿化基金会、中国石油天然气集团公司和国家林业局	全国性公募基金，其资金主要用于植树造林以及其他与 CDM 机制相关的碳汇项目
华能碳基金	2011	华能碳资产管理公司、瑞士维多石油、富地石油	国内第一支专门投资 CDM 减排项目的私募基金，该基金通过投资的资金支持，促进包括华能国际在内的国内企业 CDM 项目等低碳减排项目的开发
海通宝碳基金	2014	海通资管与上海宝碳新能源环保科技有限公司	国内最大规模的中国核证自愿减排（CCER）碳基金
招金盈碳一号碳排放投资基金	2015	招银国金	国内首只碳排放信托投资基金
嘉碳开元投资基金	2015	深圳嘉碳资本管理有限公司	对于活跃碳交易市场、促进国内温室气体减排具有积极推动作用

资料来源：安国俊，陈泽南，梅德文. "双碳" 目标下气候投融资最优路径探讨 [J]. 南方金融，2022（2）：3 - 17.

3. 城市气候融资缺口基金

城市气候融资缺口基金是为城市提供低碳与气候适应性项目以及城市化计划相关的早

---

① 肖峰. 国际碳基金制度功能的异质性及对我国的启示 [J]. 国际商务（对外经济贸易大学学报），2017（5）：139 - 149.

期技术援助基金①。

2020 年 9 月 24 日，德国和卢森堡政府联合世界银行、欧洲投资银行和全球气候与能源市长盟约共同设立城市气候融资缺口基金（City Climate Finance Gap Fund，简称 Gap Fund）。Gap Fund 由世界银行和欧洲投资银行共同运营，致力于推动发展中国家和新兴经济体城市的低碳、气候韧性和宜居的投资，帮助城市和地方政府解决融资困难，为城市提供气候智能投资的技术援助，特别在早期阶段，为城市开发气候投资机会提供支持。

Gap Fund 首阶段目标是为发展中国家和新兴市场中的城市提供资金，以协助它们确定低碳发展目标和规划，其目标是带动 40 亿欧元气候智能城市项目和城市气候创新项目。

（四） 气候投融资的保险工具

近年来气候环境的不断变化，引起了全球范围内的自然灾害发生更为频繁，全世界因为气候环境变化所引起的各种自然灾害而不能脱贫的人口高达上千万。因此，要充分发挥气候投融资的保险作用，利用保险工具帮助和解决灾后的重要基础设施重建等民生问题。

在全球范围内，保险机构推出的气候投融资保险工具主要包括农业保险、天气指数保险、清洁技术保险、巨灾险等应对气候变化的保险工具。这些针对气候变化的保险工具项目所带来的收入占了保险行业总收入的 40% 以上②。

为进一步推动全球保险工具实现可持续发展，脆弱二十国集团（V20）③ 和二十国集团（G20）共同发起了保险增强韧性机制（InsuResilience），旨在帮助发展中国家完善应对气候风险的保险方案，从而帮助当地民众应用保险这种金融工具来应对气候变化所造成的资产损失风险。

第二节　搁浅资产

一　搁浅资产的概念

搁浅资产（stranded assets）是指资产由于一系列环境相关风险，遭受意外或过早注销、向下重估或转换为负债的资产④。具体来讲，为了实现向低碳经济的转型，化石燃料上下游行业等所投资的资产在经济寿命结束之前无法给企业带来经济回报，资产的价值低于预期。

---

① 城市气候融资缺口基金的概念来自世界银行网站：https://www.worldbank.org/en/home。
② 安国俊，陈泽南，梅德文. "双碳"目标下气候投融资最优路径探讨［J］. 南方金融，2022（2）：3-17.
③ 脆弱二十国集团（V20）是易受气候变化系统性影响的经济体的一项专门合作倡议。V20 通过对话和行动应对全球性的气候变化。
④ ANSAR A，CALDECOTT B L，TILBURY J. Stranded assets and the fossil fuel divestment campaign：what does divestment mean for the valuation of fossil fuel assets？［R］. The University of Oxford's Smith Sohool of Enterprise and Environment，2013.

与工业化之前相比，要将全球气温稳定在一定的水平，在二氧化碳净排放量降低到零之前需要允许一定数量的二氧化碳释放出来，这部分预计可以排放的二氧化碳被称作碳预算（carbon budget）。

2011年"碳追踪倡议"（Carbon Tracker Initiative，简称CTI）[①]首次从财务角度提出碳预算并正式提出搁浅资产的概念。在此之前，碳预算属于环境科学领域讨论的概念，"碳追踪"将碳预算与上市公司持有的化石燃料储量进行比较，建立起了环境科学与金融学之间的联系。

从图9–7可知，截至2011年"碳追踪"发布报告时，地球已探明的化石燃料的二氧化碳总排放潜力达到2 795Gt，其中65%来自煤炭，22%来自石油，13%来自天然气。2011—2050年预计排放的二氧化碳总量是同期允许排放的二氧化碳总量的近5倍。如果按照《巴黎协定》的目标，要使得气温升高不超过2℃[②]的可能性不低于80%，那么这40年间只能燃烧五分之一的碳储量。如果继续燃烧超出碳预算部分的化石燃料，就会导致气温升高超过2℃。这部分超出碳预算的化石燃料被称为不可燃碳（unburnable carbon），又被称作碳泡沫（carbon bubble）。

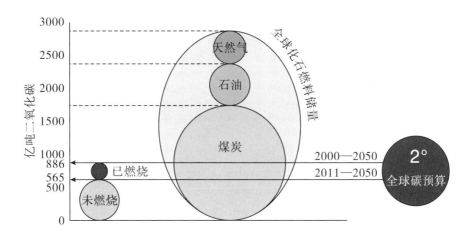

图9–7 2011年全球升温2℃的碳预算与二氧化碳潜在排放比较图

资料来源：Carbon Tracker Initiative. Unburnable carbon: are the world's financial markets carrying a carbon bubble? [EB/OL]. (2011–07–13).

表9–3按照石油、煤炭、天然气三种化石燃料分类显示了2011年全球主要国家的二氧化碳排放潜力，其中俄罗斯、美国、英国和中国占据主导地位。化石燃料的全球分布以

---

① "碳追踪"是一家非营利性金融智库，其目的是结合气候现状与资本市场活动，促成有利于气候安全的全球能源市场。"碳追踪"网站：https://carbontracker.org/?lang=zh–hans。

② 该目标来自《巴黎协定》，详见联合国网站 https://www.un.org/zh/climatechange/paris–agreement。

及二氧化碳排放量的评估通常是根据化石燃料生产的地理位置来考虑的，"碳追踪"则是按照各个证券交易中心相关数据衡量化石燃料储量的分布，因为在各个证券交易中心，投资者会根据开采化石燃料产生的现金流进行估值。这种方法强调了上市机构的作用，提醒公众关注这些证券交易中心推动了化石燃料的开采。

表 9 - 3　2011 年全球主要国家二氧化碳排放潜力

单位：亿吨二氧化碳

国家	石油	煤炭	天然气	合计
俄罗斯	75.39	160.84	16.75	252.98
美国	111.68	33.83	10.98	156.49
英国	51.52	49.35	4.63	105.5
中国	8.46	58.69	0.31	67.46
加拿大	19.95	6.74	1.19	27.88
澳大利亚	2.70	18.72	0.55	21.97
法国	17.07	—	1.17	18.24
南非	—	17.96	—	17.96
巴西	11.45	3.01	0.17	14.63
印度	0.16	12.28	0.19	12.63
日本	2.44	8.42	0.17	11.03
意大利	7.51	—	0.53	8.04

资料来源：Carbon Tracker Initiative. Unburnable carbon: are the world's financial markets carrying a carbon bubble? [EB/OL]. (2011 - 07 - 13).

由于传统金融市场通常将化石燃料储备视为资产，在向低碳经济加速转型的过程中，这些资产可能会被搁浅。投资者需要考虑其投资组合可能面临的系统性风险以及碳泡沫破裂带来的威胁。尽管企业的碳风险披露有了显著改善，但是重要的气候变化风险隐藏在报告后面。特别是对于化石燃料公司来讲，真正的战略挑战并不是运营导致的碳排放，而是目前被锁定在其储备中且与公司产品相关的潜在碳排放。企业的长期生存能力取决于未来提取和出售碳的能力，而不是过去的排放量。因此在企业 ESG 报告开始普及并与财务信息逐渐结合的情况下，为了让投资者更好地理解这些风险，需要考虑化石燃料储量所构成的系统性风险，对碳储量进行更有前瞻性的分析。对于监管机构来说，需要审查上市公司提供的碳信息，将资本市场作为一个整体，监测并控制碳资产泡沫带来的系统性风险。

二 资产搁浅的原因

搁浅资产风险可能是由一系列与环境相关的风险引起的，公众对于这些风险的认识不足以及错误定价会导致整个金融系统以及经济系统中非可持续性资产的过度暴露。目前已经产生以及新出现的与环境相关的风险会深刻改变绝大多数部门的资产价值，例如，气候变化和水资源限制等环境挑战，页岩气和磷酸盐等随时间不断变化的资源景观，碳定价以及空气污染法规和碳税等新的监管规定，太阳能和陆上风电等新技术的发展，以及撤资运动等不断演变的社会规范和消费者行为。

（一）环境挑战

环境挑战是资产搁浅最直接的原因。首先，突发自然灾害会给经济造成直接损失。由于自然灾害具有难以预测的特性，企业很难提前对资产进行保护。例如，2008 年汶川地震造成的直接经济损失达到 8 451 亿元。建筑和基础设施的损失占到总损失的七成，道路、桥梁以及其他城市基础设施损失占 21.9%。企业由于办公地缺失、人员缺乏以及交通不便等，很难维持日常经营活动。其次，不断恶化的自然环境也会给经济带来伤害。这种长期风险不容易被识别和注意，却不容忽视。英国保险协会（Association of British Insurers）表示，2023 年英国因风暴和其他极端天气造成的损失比 2022 年多出了 1.5 亿英镑，房屋保险理赔增加了逾三分之一，达到创纪录的 5.73 亿英镑。我国具有漫长的海岸线，且经济活动主要聚集在沿海地区，气候变化对沿海地区的经济、生态环境、基础设施、居民生活都可能造成巨大危害。此外，气候变化对青藏高原也会产生影响，而青藏高原是几大主要河流的发源地，因此气候变化也对各大流域的生态环境造成威胁。

（二）资源结构的变化

资源结构是指一个国家或一个地区内资源的拥有总量中各种资源量的构成比例及其相互关系。资源一般可分为自然资源和社会资源两大类。这里所指的资源结构主要是指自然资源结构。自然资源结构的变化可能会影响市场的产品价格。例如，页岩气技术使天然气储量增加了 40%。2005 年美国还没有生产页岩气，而目前页岩气在整个天然气产量中的比例已高达 35%，预测在 2040 年这一比例将达到 50%。页岩气的持续开发将导致天然气价格大幅降低，这一趋势至少会持续到 2040 年。一方面，天然气价格降低将导致天然气被大量开发，以替代煤、石油、可再生能源以及核能。另一方面，天然气价格降低使得整个能源价格走低，能源消费量增加，温室气体排放增加。

（三）监管规定的出台

为实现经济低碳转型，各国政府均制定了一系列相关的政策和法规来限制温室气体的排放。严格的监管措施会减少对化石能源的需求，化石能源将面临大量资产搁浅风险。相关的政策和法规分为两类：惩罚高碳产业（如碳税）和扶持低碳产业（如可再生能源补贴）。碳定价，包括碳交易和碳税，被认为是低碳转型的最优环境政策。在碳定价政策下，企业会提前报废或处置高排放的资产，使得碳密集型资产面临被搁浅的风险。例如，政府通过向企业征收碳税，提高了企业的碳排放成本，倒逼企业为少缴碳税实施节能减排，从而导致化石能源资产搁浅。

（四） 新技术的发展

技术革新导致资产搁浅的路径有两种。一种路径是通过提高化石燃料的使用效率或降低可再生能源的成本，鼓励使用可再生能源，减少对化石燃料的需求而导致资产搁浅。这一路径对于严重依赖化石燃料的生产国和出口国影响尤其明显。另一种路径是通过技术革新增加可再生能源的用途或供给，从而改变传统的能源结构，对行业产生颠覆性影响，使得依赖碳密集型能源驱动价值的企业和投资者面临资产迅速贬值的风险，导致大量的资产搁浅。

（五） 社会规范的演变

社会规范演变主要是指社会责任运动的开展以及公众环保意识的不断增强。不断演变的社会规范会使投资者逐渐意识到搁浅资产带来的严重后果，从而影响投资者的投资决策。例如，美国在 2010 年开始的化石燃料撤资运动，以及机构投资者从碳密集型行业撤资的行为，都体现了公众消费行为绿色化、生态化趋势。消费者对于化石燃料消费的减少，必然会使得化石燃料需求变成搁浅资产。

总体而言，导致资产搁浅的环境风险可以分为物理风险、转型风险以及责任风险三类。物理风险是指与自然有关的事件，例如直接破坏财产和破坏贸易的洪水等自然灾害，可能导致资产价值减少。转型风险是指在向低碳经济转型时由于政策和技术变革而对一系列资产的价值进行重新评估。责任风险则是一种潜在影响，特别是对保险行业来讲，如果个人或组织要求高碳排放企业赔偿其所遭受的损害或损失，那么这部分赔偿金也是搁浅资产的一种表现形式。

三 搁浅资产的经济后果

搁浅资产会对经济发展产生负面影响，但具体的影响程度目前仍无法进行准确估计。搁浅资产的经济后果可以从公司风险、金融机构风险、系统性金融风险以及全球经济风险四个层面进行考量。

（一） 搁浅资产与公司风险

搁浅资产在公司层面的风险主要体现在对拥有大量化石燃料资产的公司市值的影响。一方面，搁浅资产的出现会使公司无法实现预计的收入，未来利润的减少会带来巨大的财产损失。例如，电力需求的下降和燃料价格的变化，减少了天然气的利润，欧盟各地新建成的高效联合循环燃气轮机（Combined-Cycle Gas Turbine，简称 CCGT）发电厂被过早关停，欧洲电力公司市值预计会因此减少数千亿欧元。另一方面，由于存在搁浅资产，市场对公司价值存在高估，一旦投资者产生恐慌情绪会导致大量抛售股票等过激行为，股价的破坏式螺旋下降会增加公司的资本成本，对公司价值产生直接且致命的影响。

搁浅资产还会影响公司履行财务义务的能力。由于公司并未将搁浅资产纳入其未来现金流估计的考虑范围，公司的未来现金流估计很可能因为搁浅资产的存在而存在高估的情况。公司未来可能并不具有与其估计一样充足的现金流用于偿还未来需要支付的本金和利息，因此信用评级可能会发生变化，且会产生违约风险，这会给企业未来正常经营带来巨大挑战。

搁浅资产对公司风险的影响会存在所有权上的差异。1750 年至 2010 年间，全球 70 家公司以及 8 个政府经营行业总计生产全球 63% 的化石燃料。这些经营主体的生产将产生 440 亿吨二氧化碳，其中 42 家私营企业拥有 44 亿吨潜在排放量（剩余碳预算的 16%[1]），而 28 家国有企业拥有 210 亿吨潜在排放量（剩余碳预算的 76%）[2]。对于国有企业来说，仅仅是开采现有储备就存在巨大风险。对私有企业来说，风险主要不是来自开采现有储备，而是对新化石燃料资源的持续勘探和开发。考虑到世界上大部分的煤炭储量都是由政府持有，而政府在短期内几乎没有能力开采这些资源，投资者和消费者的压力应该集中在逐步淘汰私有企业正在进行的勘探项目上。

截至 2022 年，超过 1 万亿美元的油气资产面临搁浅风险，其中大部分（约 6 000 亿美元）由上市公司持有，因此上市公司面临巨大的资产搁浅风险。产品的嵌入排放（embedded emission）是指将产品推向市场所需的温室气体排放量。截至 2022 年，如果要将升温控制在 1.5℃，90% 的化石燃料储备都必须作为不可燃碳留在地下，如控制在 2℃ 以下，这一比例为 60%。"碳追踪"预计，如果要将全球目前已探明的化石燃料储备全部推向市场，将排放约 3 700 亿吨二氧化碳，即目前全球已知化石燃料储量的嵌入排放总量约为 3 700 亿吨，是剩余碳预算的 10 倍多。如果所有储量都被开采出来，这将导致温度上升超过 3℃。目前有超过 1 万亿美元的上游石油和天然气资产面临搁浅的风险，而其中约 6 000 亿美元都由纽约、莫斯科、多伦多、伦敦等几个全球证券交易中心的上市公司持有。目前中国上市公司的嵌入排放量占全球剩余碳预算的 70% 以上，在上海、深圳和香港上市的部分国有企业的二氧化碳嵌入排放量超过 230 亿吨。美国上市公司的嵌入排放量为 159 亿吨，其中纽约证券交易所上市公司嵌入排放量为 144 亿吨，纳斯达克上市公司嵌入排放量为 15 亿吨。英国按照地理位置计算的嵌入排放量为 1.5 亿吨，但在伦敦证券交易所上市的公司嵌入排放量达到 47 亿吨，是地理位置计算嵌入排放量的 30 倍多。

---

[1] HEEDED R, ORESKES N. Potential emissions of CO_2 and methane from proved reserves of fossil fuels: an alternative analysis [J]. Global environmental change, 2016 (36): 12–22.

[2] 截至 2015 年碳预算总量为 275 亿吨。

（二） 搁浅资产与金融机构风险

搁浅资产会以各种方式影响资本市场中的金融机构，主要影响商业银行的信贷供应、保险和再保险业务的承保业务、股票市场以及主权债务等。

对于商业银行，搁浅资产最大的威胁是难以按时足额收回企业贷款，产生信贷风险。在新环境的信贷测试中，化石燃料公司的信用等级将发生变化，银行将拥有与预期收益不匹配的风险敞口。有研究表明，低碳经济转型所带来的环境风险会使高污染企业的违约率上升约50%[1]。如果化石燃料公司在向低碳经济转型过程中产生搁浅资产，那么银行将会由于这些公司无法还款而面临不可逆转的损失。

对于保险和再保险公司，随着企业面临的气候风险上升或气候风险变得更加不可预测，保险和再保险公司会面临越来越多的索赔要求，如果不能对这些负债进行准确定价，那么保险和再保险公司将面临承保风险。资产搁浅的发生则会使保险和再保险公司限制承保范围或提高保价，从而将更多风险转移给家庭、公司及其贷款方。

对于证券市场，搁浅资产风险的金融影响在未来20年内可能会超过气候变化本身。欧盟以及美国的金融行业由于与受气候政策影响的企业签订金融合同，其权益组合资产总值会面临45%的气候风险敞口[2]。此外，搁浅资产的存在会使化石燃料上市公司的股票价格被严重高估，金融市场承载大量碳泡沫，会对能源和大宗商品价格、企业债券、股票和衍生品合约产生影响。市场对于未来环境变化的不确定性认识不足，会导致资本市场投资者的情绪与预期发生变化，从而引发资产价格的剧烈波动。据"碳追踪"统计，截至2022年，各证券交易中心有超过7万亿美元的股票持有化石燃料储备。纽约和伦敦证券交易所与化石燃料储备相关股票的自由流通市值[3]是最高的，莫斯科、奥斯陆和圣保罗拥有的化石燃料储备相关股票的总市值是最高的。根据国际能源署的情景分析，在2050年全球温升不超过2.7℃情形下，2021—2030年各个证券交易中心可能被浪费的新资本支出比例，即能源转型期间新投资的相对风险敞口，如图9-8所示。具体来看，升温1.5℃、1.65℃和2.7℃三部分构成了各个证券交易所在全球升温不超过2.7℃情况下所能允许的最大资本支出，总计为100%，升温超过2.7℃的部分即被浪费的新资本支出。以风险敞口最大的悉尼证券交易所为例，如果要求升温不超过1.5℃，则超过100%的资本支出会

---

[1] HUANG B, PUNZI M T, WU Y, Do banks price environmental risk? Evidence from a quasi natural experiment in the People's Republic of China [Z]. ADBI Working Paper Series, 2019 (7).

[2] BATTISTON S, MANDEL A, MONASTEROLO I, et al. A climate stress test of the financial system [J]. Nature climate change, 2017, 7 (4): 283-288.

[3] 自由流通市值=用于指数计算的调整后自由流通股本数×股价，其中用于指数计算的调整后自由流通股本数=A股总股本×加权比例，加权比例是将自由流通比例按照时间进行加权，而自由流通比例=A股自由流通量/A股总股本，自由流通量=总股本-（限售股份+其他扣除数），自由流通量计算中其他扣除数代表的是符合以下条件的六类基本不流通股份：公司创建者家族和高级管理人员长期持有的股份、国有股战略投资者、冻结股份、受限制的员工持股以及交叉持股。

被浪费；如果要求升温不超过 2.7℃，则超过 50％ 的资本支出会被浪费。

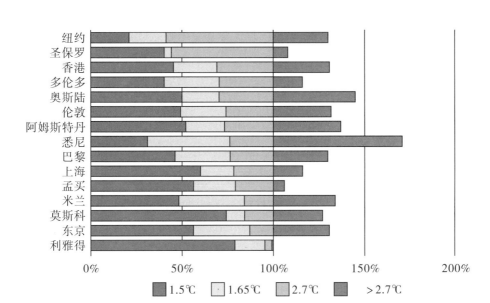

图 9 - 8　2021—2030 年各主要证券交易中心石油和天然气搁浅资产风险敞口[①]

对于气候敏感的经济体来讲，碳泡沫会使主权债务面临搁浅的风险，从而导致更大的违约风险和信用评级被下调的风险。碳强度越高的国家，其主权债务面临的风险也越高。

为了加强对搁浅资产风险的监管，金融机构除了要求化石燃料公司披露其储备中潜在的碳排放量以及对其潜在的碳风险进行评估外，还运用新的数据和方法来区分与气候风险相关的资产和公司，推出越来越多的新工具来规避搁浅资产风险，其中表现突出的是设立远离搁浅资产风险的指数以及在此基础上发行的交易基金和开发的信用评级。

（三）搁浅资产与系统性金融风险

目前，对于不可燃碳相关风险是否会对金融稳定性造成影响并引发系统性金融风险仍存在争议。一部分学者认为，碳泡沫会影响低碳转型的速度，从而造成资产价值的大幅缩水，威胁金融系统的稳定性，这种化石能源的突然转型会引发金融市场系统性风险。但另一部分学者认为，能源转型是长期的过程，化石能源储备的价值可以反映到未来市场中，

[①] 图 9 - 8 所列示的是规模排名前 15 的证券交易中心的搁浅资产风险敞口。搁浅资产风险敞口 = 由于资产搁浅导致可能被浪费的新资本支出/在 2050 年全球升温不超过 2.7℃ 情形下正常资本支出。1.5℃ 表示已被批准的、已开始生产或正在开发的项目与国际能源署提出的 2050 年 1.5℃ 净零排放情景基本一致。1.65℃ 表示尚未被批准且盈亏平衡价格较低的新项目，当要求升温不超过 1.65℃ 的情况下，这些项目会有搁浅风险。2.7℃ 表示尚未被批准且盈亏平衡价格较高的新项目，当要求升温不超过 2.7℃ 的情况下，这些项目会有搁浅风险。>2.7℃ 表示未被批准且成本最高的项目一旦被批准就很容易被搁浅，开发这些项目的公司实际上认为全球气候目标是根本无法实现的。

因此不会造成突然的系统性金融风险。

各国央行和金融监管机构已就管理系统性风险进行了理论和实践上的探讨，表9-4梳理了主要的政策。例如，G20财长和央行行长要求金融稳定委员会成立气候金融披露专责小组，通过环境压力测试降低系统性风险，并要求将与气候相关的财务披露报告纳入公司年报。此外，将企业的碳转型风险纳入其信用评级可以实现对环境风险的有效监测与评估。

表9-4 全球金融组织和机构防范气候相关金融风险的政策

时间	组织/机构	政策
2013 年	世界银行	除极少数情况外（例如该国无可替代煤炭的能源以满足基本能源需求），将不再为燃煤火电项目融资
2013 年	欧洲投资银行	停止为燃煤发电项目提供融资，帮助各成员国达成碳减排目标
2017 年	二十国集团	鼓励各国中央银行和金融监管部门开展环境风险分析
2017 年	央行与监管机构绿色金融网络	呼吁各国重视并协同应对气候相关风险
2018 年	亚洲开发银行	不再给污染性能源提供贷款组合
2019 年	欧洲投资银行	自2021年起，不再为包括天然气项目在内的化石能源项目提供贷款
2019 年	非洲开发银行	将不再为新建燃煤发电项目提供资金
2019 年	国际货币基金组织	在《全球金融稳定报告》中，深入探讨了金融稳定与气候变化之间的关系
2020 年	国际清算银行	发布报告指出，气候变化可能会引起超预期的、具有广泛或极端影响的不良事件，从而触发系统性金融风险
2020 年	英格兰银行	发布《气候金融风险论坛指南》
2021 年	银行监管巴塞尔委员会	发布《气候风险测量方法》《气候风险驱动因素和传导机制》等文件
2021 年	金融稳定理事会气候相关财务信息披露工作组（TCFD）	发布《2021年TCFD现状报告》，主要分析评估各企业披露情况与TCFD建议的一致程度，这是TCFD成立以来发布的第四份年度现状报告

（四）搁浅资产与全球经济风险

有学者对搁浅资产所造成的全球经济损失进行了量化评估，预计会给全球带来高达 25 万亿美元的总损失[①]。搁浅的化石能源资产可能会造成全球财富损失 1 万亿到 4 万亿美元，相当于 2008 年金融危机所造成的损失。对于化石燃料公司下游的资产，全球会产生 165 亿到 5 500 亿美元的电力相关搁浅资产。另外，全球农业也会由于气候风险产生 6.3 万亿到 11.2 万亿美元的搁浅资产。

四　应对搁浅资产风险的措施

首先，企业需要关注环境外部性的影响，重视与环境相关的风险因素。金融危机凸显出资产所有者与实物资产之间的关系在追求财务回报的过程中变得脱节，即在一套分析系统中被认为是完全理性的投资在这套系统之外却可能是完全不理性的。传统金融体系忽视的环境外部性正面临着越来越大的变革压力。随着人们越来越意识到环境资本的不可持续开采，风险敞口最大的资产无论是由于监管还是生态系统服务的崩溃都会面临越来越大的风险，固定成本或沉没成本高的资产将变得特别脆弱。

其次，企业需要具备风险意识。许多专家不愿意公开宣布经济中存在泡沫，认为是因为发展中国家不断增长的人口和收入带来的强劲需求等推动了大宗商品价格居高不下。但这种繁荣可能会加剧资产搁浅的潜在挑战。

最后，企业应制定风险管理战略。企业面临着日益复杂且深植于当地市场的风险，这种风险很有可能具有全球性后果。认识可能导致资产搁浅的环境相关风险可以帮助企业制定有效的风险管理战略，从而提高抵御风险的能力并将风险降至最低。风险是相互关联的，虽然无法预防或预测何时可能发生风险事件，但可以制定防御计划。

对于我国海外能源投资的搁浅资产风险管理，首先，要加强信息披露，以便精准评估搁浅资产。通过公开透明的数据披露，使包括投资者在内的第三方机构更好地进行项目估值，并且更恰当地分配资金，提高市场效率，降低"溢出效用"的影响。其次，将资产搁浅情景纳入投资组合的压力测试和风险评估体系。在这些测试中，需将不同国家的碳价纳入考量，同时还需考虑到环保税、污染罚款、水价上涨趋势等。在现有的能源组合中纳入这样的测试有利于增加搁浅资产风险度量的准确性。再次，在开发项目中逐步推进技术多样化。为了降低潜在的技术风险，建议增加投资组合中的能源多样性，从而控制滞留资产在未来可能产生的不良影响。一方面减少化石燃料能源来降低风险，另一方面不断开发风能、太阳能之外的水电、生物质能和氢能等可再生能源替代品。最后，要提高海外投资中

---

① NELSON D, HERVÉ-MIGNUCCI M, GOGGINS A, et al. Moving to a low-carbon economy: the impact of policy pathways on fossil fuel asset values [Z]. Climate Policy Initiative, 2014: 1 – 47.

的环境政策标准。中国对外投资目前多集中在发展中或欠发达地区，这些地区的环境政策和法律标准发展较为落后。因此，在海外投资中，应投入更多资源分析当地环境政策，若当地环境标准不够完善，可考虑引入中国国内的环境标准对项目进行评估、跟踪和监测。

»》 本章小结 《«

本章介绍了碳金融的相关内容。第一节介绍了气候投融资。气候投融资是绿色金融的重要组成部分，是指为实现国家自主贡献目标和低碳发展目标，引导和促进更多资金投向应对气候变化领域的投资和融资活动，其支持范围包括减缓气候变化和适应气候变化两个方面。气候投融资的工具主要有信贷工具、气候债券、气候基金、碳基金以及保险工具。

第二节介绍了搁浅资产。搁浅资产是指资产由于一系列环境相关风险，遭受意外或过早注销、向下重估或转换为负债的资产。搁浅资产的形成主要是由于环境挑战、资源结构的变化、新监管规定的出台、新技术的发展以及社会规范的演变。搁浅资产会导致公司风险、金融机构风险、系统性金融风险以及全球经济风险。应对搁浅资产风险，企业需要关注环境外部性的影响，重视与环境相关的风险因素，并制定相应风险管理战略。

»》 思考与业务题 《«

1. 描述气候投融资的主要工具，并举例说明。
2. 结合企业实例，说明企业如何借助气候投融资实现低碳发展。
3. 什么是搁浅资产？请给出定义并举例说明。
4. 阐述气候变化与搁浅资产之间的关系，以及搁浅资产对宏观经济和微观企业的影响。
5. 阐述投资者和企业如何应对搁浅资产带来的挑战。